Industrial and
Applied
Mathematics
Series

シリーズ
応用数理

第5巻

応用のための
ウェーブレット

::: 日本応用数理学会 監修
::: 山田道夫・萬代武史・芦野隆一 著

共立出版

本シリーズの刊行にあたって

　日本応用数理学会は数理的な考え方，技術を駆使している研究者・技術者，またそのような思考，方法そのものの研究や教育に携わっている人の学術的交流の場として 1990 年に設立された学会である．本シリーズは，日本応用数理学会がこれまで蓄積してきた知的財産を，数理的な取り扱いを行っている技術者・研究者，またそれらを学んでいる人に提供することを目的に企画された．応用数理分野のさまざまなトピックを紹介し，この分野の研究や応用の発展を図ることも刊行の意図である．

　数学は科学を語る言葉といわれる．自然科学だけでなく，社会科学，人文科学においても数学の言葉としての役割がますます増加してきた．そのことが初等から高等までの教育において数学教育に多くの時間が割かれる理由でもある．数学は，20 世紀中頃までは主に物理学を初めとする自然科学に対してさまざまな形で応用され，科学技術ひいては社会の発展に大きく貢献してきた．20 世紀中頃以降，コンピュータが実用化されるようになると，数学は単なる言葉だけにとどまらず，幅広い分野の発展に必要不可欠な手段へと立場を変えてきた．すなわち，大規模な計算を基礎として，さまざまな工学，情報科学，生命科学，化学，経済学，心理学等の分野で数理的な取り扱いが発展してきている．

　今後，コンピュータを用いた研究の可能性はさらに大きく展開し，そのための数理的手法の多様化も進むと考えられる．さらに，数理モデルの重要性が幅広い分野で認識され，これまで以上新しい切り口が見出されることが期待できる．そして，そうした切り口から異分野の統合を促す研究が生まれると同時に，さらに数理的研究の必要性が高まっていくと思われる．たとえば，生命現象，新機能素材，環境問題，エネルギーなどの学際的な対象や社会的

問題解決のための研究においては，これまでの要素還元的な科学的方法や技術では解決できず，大規模データや複雑なシステムをどう取り扱うかといった新しい課題が生じており，こうしたテーマの解決に対して，数理的なものの見方は欠かせないものである．

　また，コンピュータは，情報処理に関して，産業を含む社会の隅々まで高度の知的作業を人間に代わって受け持つようになってきており，幅広いシステムの数理的取り扱いの重要性も著しく増してきている．そのため，ソフトウェアを始め数理的な技術の重要性も増してきているといってよい．

　先端技術では技術の壁を打ち破るために，常に新しい発想とそれを実現させるための「何か」が要求されている．そして，その「何か」として，これまでの枠組みを超えた新しい数理的発想に大きな期待が寄せられている．また，異なる分野で独自に考案され採用されている手法が，じつはいろいろな分野に共通する要素を潜在的に含んでいる場合も極めて多い．もしもこのような方法を発掘して相互に活用できれば技術全体に寄与するところは絶大である．その際，異なる分野間であればあるほど，数学は技術交換のためのほとんど唯一の共通言語となる．さらに，応用をまったく意識することなく何世代にも渡り研究が行われていた分野で，突然大きな応用が見出されたりすることがしばしば起こっている．言い換えると，これまで実用と無縁であると思われていた高度な数学的内容が最先端の技術に応用されるようになってきているのである．そのため，数理科学の研究においては研究の多様性が重要であり，時間スケールの長い着実な研究が必要であることは言うまでもない．

　本シリーズは，これまで述べてきた応用数理の重要性を意識しながら，さまざまな分野の応用数理のテーマを，できるだけわかりやすく，その分野の第一人者によって紹介しようと試みたものである．冒頭で述べたように，本シリーズが応用数理を学ぼうとする学生，実際に数理的取り扱いに携わっている技術者・研究者にとって，役に立つものとなることを期待するとともに，応用数理分野の研究の発展に寄与することを望むところである．

日本応用数理学会 元会長　薩摩 順吉

まえがき

　ウェーブレット解析は，1980 年代にフランスの石油探査技術者が考案したデータ解析手法から始まった．石油探査には人工地震の観測データが用いられる．石油の存在する場所で反射した地震波が観測者に到達する時刻を精度良く読み取ることが必要であり，そのために，観測波形の性質が変化する時刻を見出す手法としてウェーブレットが考案された．その後，このアイデアは多くの物理学者，工学者，数学者によって，さまざまに拡張され展開され，現在ウェーブレット解析とよばれている手法に結実した．本書はこのウェーブレット解析の入門書である．

　ウェーブレット解析はフーリエ解析に似た手法である．フーリエ解析は信号（関数）を sin と cos の重ね合わせによって表し，その重ね合わせ方の特徴によって信号の性質を調べる手法である．特に信号を周波数成分ごとに分解できることから，フーリエ解析は現代文明における数えきれないほどの技術の基礎となっている．ウェーブレット解析も同様に，信号をウェーブレットとよばれる多くの波形の重ね合わせとして表現する．フーリエ解析と異なるのは，sin や cos がどこまでも振動し続ける波形であるのに対し，ウェーブレット解析ではある時間帯のみで振動しそれ以外ではほとんどゼロとなる波形を用いることである．この違いは，フーリエ解析では周波数構造の時間変化を捉えにくいという，古くから技術者が抱いていた不満に対し，一定の解決策を与えることになった．現在，ウェーブレット解析は，時刻と周波数を同時に扱いたい場合の主要な選択肢の一つとなっている．

　しかしウェーブレット解析は，フーリエ解析よりも理論的に手が込んでいるため，その理論をきちんと習得するには少々時間がかかるという難点がある．目の前の問題にウェーブレット解析を応用しようとしているとき，積分や

級数の収束性の議論にいちいちつき合っている暇はないという場合も多いであろう．そこで，本書では厳密な理論よりも実用的な理解を重視してウェーブレット解析を平易に紹介することを試みている．フーリエ解析に関しても予備知識は仮定せず，本書を読むために必要なことは最初から説明した．数学的な収束性の議論の一部はデルタ関数の使用によって単純な計算に置き換えている．これは証明ではなく形式的計算であるが，得られた結論は必要であれば厳密に証明することが可能であり，ウェーブレット解析を用いるための有用な理解を与えると思われる．ウェーブレット解析のこのような扱い方は，数学以外の物理学や工学の広い分野では受け入れやすい形ではないかと考えている．さらに，実際にいろいろな問題に適用できるよう，最後の章では Mathematica を使ったウェーブレット解析を紹介している．

本書は応用数理学会と共立出版による「シリーズ応用数理」の一つとして企画された．筆者は応用数学の分野の研究者であるが，それぞれの出自は物理学から解析学に拡がっている．本書の執筆方針は，それぞれのウェーブレットに対するアプローチを議論する中から形作られたものであり，いわばウェーブレット解析の使い手と作り手の意見交換の結果として生まれたものである．ウェーブレット解析の理学・工学などの分野への応用を企図されている方々に，本書の内容がいくらかでも役に立つことを願っている．なお本書に関する出版後の情報は http://www.osakac.ac.jp/labs/mandai/waveletJSIAM/ に一定期間掲載する予定である．本書を執筆するにあたって小島友和氏（（現）ダイアログ・セミコンダクター）には数式入力を助けていただき，伊藤宏氏（愛媛大学）と伊藤研究室の大学院生の伊藤寛幸氏，國司英臣氏，小山雄喜氏には貴重なアドバイスをいただきました．厚く御礼申し上げます．最後に本書の完成を忍耐強く待っていただいた共立出版編集部の大越隆道氏に感謝いたします．

2015 年 9 月
筆者

目　　次

第 1 章　デルタ関数とフーリエ変換　　　1

- 1.1　データとなる関数 ………………………………… 1
  - 1.1.1　エネルギーの有限性 ……………………… 1
  - 1.1.2　内積と直交性 ……………………………… 3
  - 1.1.3　正規直交基底 ……………………………… 5
- 1.2　デルタ関数 …………………………………………… 7
- 1.3　フーリエ解析 ……………………………………… 11
  - 1.3.1　フーリエ変換と逆フーリエ変換 ………… 11
  - 1.3.2　パーセヴァルの等式 ……………………… 13
  - 1.3.3　不確定性関係 ……………………………… 15
  - 1.3.4　有界なサポートをもつ関数のフーリエ変換 … 17
  - 1.3.5　フーリエ変換の意味と利点 ……………… 18
  - 1.3.6　畳み込み …………………………………… 19
- 1.4　フーリエ級数 ……………………………………… 21
  - 1.4.1　ポアソンの和公式 ………………………… 21
  - 1.4.2　フーリエ級数 ……………………………… 23
  - 1.4.3　関数のなめらかさと係数の減衰 ………… 25
  - 1.4.4　フーリエ係数の数値計算 ………………… 27

第 2 章　連続ウェーブレット変換　　　31

- 2.1　フーリエ解析とウェーブレット ………………… 31

	2.1.1 フーリエ解析の長所と欠点	31
	2.1.2 ウェーブレットのアイデア	32
2.2	連続ウェーブレット変換の定義	34
	2.2.1 基本的な考え方	34
	2.2.2 ウェーブレットと連続ウェーブレット変換	36
2.3	逆変換公式	38
	2.3.1 アナライジングウェーブレットと許容条件	39
	2.3.2 許容条件を満たすアナライジングウェーブレットの例	41
	2.3.3 逆変換公式	43
	2.3.4 $a>0$ のみを用いる公式	45
2.4	エネルギー等式	46
2.5	連続ウェーブレット変換の意味と注意	47
2.6	連続ウェーブレット変換と関数の特異性	50
	2.6.1 関数の特異性の検出	51
	2.6.2 導関数の特異性の検出	52

第3章　直交ウェーブレット　57

3.1	直交ウェーブレット関数	57
	3.1.1 連続ウェーブレット変換の離散化	57
	3.1.2 直交ウェーブレット展開	59
	3.1.3 直交ウェーブレット関数	61
3.2	サンプリング定理	64
3.3	スケーリング関数	68
	3.3.1 スケーリング関数とは	68
	3.3.2 スケーリング関数による近似	70
	3.3.3 スケーリング関数の性質	72
3.4	スケーリング関数からウェーブレット関数へ	77
	3.4.1 シャノンのウェーブレット	77
	3.4.2 ウェーブレット関数の構成	81

	3.4.3 ウェーブレット関数の性質	83
3.5	分解アルゴリズムと再構成アルゴリズム	87
	3.5.1 分解と再構成	87
	3.5.2 実際のデータ解析	90
	3.5.3 フィルタについて	92
3.6	なめらかさと局在性	94
3.7	メイエ (Meyer) のウェーブレット	97
3.8	ドブシィ (Daubechies) のウェーブレット	102
3.9	発展：双直交ウェーブレット	106

第4章 Mathematica によるウェーブレット解析　　111

4.1	Mathematica による連続ウェーブレット変換	111
	4.1.1 消失モーメント	113
	4.1.2 導関数の情報と消失モーメント	115
	4.1.3 組込関数 ContinuousWaveletTransform	120
4.2	連続ウェーブレット変換のアルゴリズム	122
	4.2.1 時系列とフィルタ	122
	4.2.2 連続ウェーブレット変換の離散化	124
4.3	離散ウェーブレット変換	126
	4.3.1 フィルタとダウンサンプリングによる表現	127
	4.3.2 レベル L の分解	129
	4.3.3 近似と詳細	131
4.4	Mathematica による離散ウェーブレット変換	133
	4.4.1 Mathematica によるハールウェーブレット	134
	4.4.2 組込関数 DiscreteWaveletTransform	138
	4.4.3 組込関数 InverseWaveletTransform	144
	4.4.4 組込関数 WaveletMapIndexed による近似係数と詳細係数の操作	147
4.5	WaveletThreshold を使った解析例	153

4.5.1　サンプルデータ列の作成 *154*
　4.5.2　雑音除去 *155*
　4.5.3　信号分離 *159*

関連図書　　　　　　　　　　　　　　　　　　　　　　　*163*

索　　引　　　　　　　　　　　　　　　　　　　　　　　*167*

第1章
デルタ関数とフーリエ変換

　本章ではエネルギーが有限となる関数のなす線形空間を考えて，内積や展開に関する用語およびデルタ関数を定義した後，フーリエ解析に関する基本的事項を復習する．ウェーブレット解析とフーリエ解析の結びつきは深い．単に形式的に似ているというだけではなく，ウェーブレット解析はフーリエ解析を通して組み立てられている．フーリエ解析の性質は後にウェーブレット解析と対比する上でも重要である．

1.1 データとなる関数

1.1.1 エネルギーの有限性

　ウェーブレット解析は与えられたデータや関数を分解し調べるための方法である．たとえば屋外の風の観測を考えてみよう．観測から得られるデータは，一定時間ごとに風速計によって測定された風速の値の列である．実際の風速 $u(t)$ では時間 t は連続的であるが，観測は時間間隔 Δt ごとに行われるため，その結果得られるデータは $u_n = u(n\Delta t)$ のような離散的なものである．したがってデータ処理はこの離散データを基づいて行われることになる．
　しかしウェーブレット解析の意味と方法を理解するためには，離散データ u_n に対する処理手法を学ぶ前に，本来の連続データ $u(t)$ をもとにしてさまざまな概念を学ぶほうが早道である．連続データに対するウェーブレット解析を理解すれば，離散データに対する処方は，連続的な公式を離散化することによって得られるからである．そこでしばらく連続データを中心にして話を進めていくことにしたい．

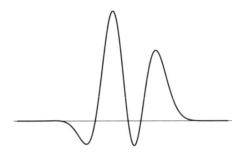

図 1.1 $L^2(\mathbb{R})$ に属する関数の例

以下では時間座標ばかりでなく空間座標も扱うので,独立変数は x で表わし,$-\infty < x < \infty$ の範囲で考えることにしたい.実際の観測では x の範囲は必ず有限であるが,その範囲以外の x について $u(x) = 0$ とおけば $-\infty < x < \infty$ の範囲で考えることができるし,この方が理論的に扱いやすい.そこでまず関数 $u(x)$ の大きさを表す量

$$\int_{-\infty}^{\infty} |u(x)|^2 \, dx \tag{1.1}$$

を**エネルギー** (energy) とよぶことにして,エネルギーが有限となる関数 $u(x)$ を考えることにしよう.$u(x)$ があまり激しく変動するような関数でない限り,$u(x)$ のエネルギーが有限となるためには $u(x) \to 0 \ (x \to \pm\infty)$ でなければならない[1].これは測定の時間範囲が有限であれば自然な性質であろう.エネルギー有限な関数は**二乗可積分**関数ともよばれ,二乗可積分関数全体の集合は $L^2(\mathbb{R})$ と書かれる.ここで $\mathbb{R}$ は実数全体の集合を表し,関数 $u(x)$ が実軸全体の上で定義されていることを示している.なおここではエネルギーが有限であればよく,$u(x)$ の連続性は必ずしも要求していない.ところどころで不連続になるような関数でもかまわない.

---

[1] ここでは関数 $u(x)$ は,(有限個の点以外では)微分可能で,導関数も連続かつ有界なものを念頭においている.数学的には $L^2(\mathbb{R})$ には微分できないような関数も含まれており,以下のウェーブレット理論ではそのような関数も含んだ議論となっているが,まず最初にウェーブレットを学ぶときは,このような穏やかな関数を思い浮かべることを勧める.

1.1.2 内積と直交性

エネルギー有限な関数を考える利点は，関数について内積が導入できて $L^2(\mathbb{R})$ をユークリッド空間のように扱えることにある．$L^2(\mathbb{R})$ に属する二つの関数 $f(x), g(x)$ の内積を次のように定義する[2]．

$$\langle f, g \rangle = \int_{-\infty}^{\infty} \overline{f(x)} g(x) \, dx. \tag{1.2}$$

ここで $\overline{f(x)}$ は $f(x)$ の複素共役をあらわす．内積で積分変数を明示したい場合など $\langle f(x), g(x) \rangle$ と書くこともある．すぐにわかるように，$\langle f, g \rangle = \overline{\langle g, f \rangle}$ である．また複素数の定数 $\alpha_1, \alpha_2, \beta_1, \beta_2$ に対し

$$\langle \alpha_1 f_1 + \alpha_2 f_2, g \rangle = \overline{\alpha_1} \langle f_1, g \rangle + \overline{\alpha_2} \langle f_2, g \rangle \tag{1.3}$$

$$\langle f, \beta_1 g_1 + \beta_2 g_2 \rangle = \beta_1 \langle f, g_1 \rangle + \beta_2 \langle f, g_2 \rangle \tag{1.4}$$

などの性質が成り立つ．通常のユークリッド空間のときのように，$\langle f, g \rangle = 0$ となるとき f, g は直交するという．この直交性の概念によって関数の集合 $L^2(\mathbb{R})$ を通常の空間のように考えることができ，関数の問題を幾何学的直観をもって扱えるようになる．

f の大きさを表す量 $\|f\|$ を次のように定義し，f のノルムとよぶ．

$$\|f\|^2 = \langle f, f \rangle = \int_{-\infty}^{\infty} |f(x)|^2 \, dx \tag{1.5}$$

したがって $\|f\| = 0$ であれば $f(x) = 0$ である．エネルギー有限の条件はノルムが有限となる条件そのものである．

内積とノルムの間には次のシュワルツ (Schwarz) の不等式

$$|\langle f, g \rangle| \leq \|f\| \|g\| \tag{1.6}$$

が成り立つ．これを証明しよう．$\langle f, g \rangle = 0$ の場合，シュワルツの不等式は

---

[2] 数学の分野では内積を $\langle f, g \rangle = \int_{-\infty}^{\infty} f(x) \overline{g(x)} \, dx$ のように定義するのが普通であるが，工学・物理学などの分野では本書のように複素共役記号の位置を変えて定義することも多い．本書では応用分野を念頭におき，この慣習にしたがうことにする．

明らかに成り立つので，$\langle f,g \rangle \neq 0$ としよう．まず任意の複素数 λ に対して成り立つ関係

$$0 \leq |\lambda f(x) + g(x)|^2 \tag{1.7}$$
$$= |\lambda|^2 |f(x)|^2 + \overline{\lambda f(x)} g(x) + \lambda f(x) \overline{g(x)} + |g(x)|^2 \tag{1.8}$$

に注意する．$\lambda = \mu \langle f,g \rangle / |\langle f,g \rangle|$（$\mu$ は実数）とおき，x で $-\infty$ から ∞ まで積分すると

$$\mu^2 \|f\|^2 + 2\mu |\langle f,g \rangle| + \|g\|^2 \geq 0 \tag{1.9}$$

が得られる．この式は任意の実数 μ に対して成り立つので，判別式は 0 または負となるが，これがまさにシュワルツの不等式である（証明終）．シュワルツの不等式から f, g がエネルギー有限の関数であるとき，それらの内積も有限値であることがわかる．

またシュワルツの不等式から

$$\|f+g\|^2 = \langle f,f \rangle + \langle f,g \rangle + \langle g,f \rangle + \langle g,g \rangle \tag{1.10}$$
$$\leq \|f\|^2 + 2\|f\|\|g\| + \|g\|^2 \tag{1.11}$$
$$= (\|f\| + \|g\|)^2 \tag{1.12}$$

となるが，両辺の平方根をとると，三角不等式

$$\|f+g\| \leq \|f\| + \|g\| \tag{1.13}$$

が得られる．また α を複素数の定数とするとき

$$\|\alpha f\| = |\alpha| \|f\| \tag{1.14}$$

が成り立つのは明らかであろう．これらの関係式から $f, g \in L^2(\mathbb{R})$ であれば $\alpha f, f+g \in L^2(\mathbb{R})$ となることがわかる．これは $L^2(\mathbb{R})$ が線形空間であることを示している．このことから $L^2(\mathbb{R})$ の元（関数）をベクトルとよぶこともある．

しかし $L^2(\mathbb{R})$ は有限次元の線形空間ではない．もし有限次元なら次元を N として，どのような $f_1, f_2, \ldots, f_N, f_{N+1} \in L^2(\mathbb{R})$ に対しても

$$\alpha_1 f_1 + \alpha_2 f_2 + \cdots + \alpha_{N+1} f_{N+1} = 0 \tag{1.15}$$

となるようなすべてが 0 ではない定数 $\alpha_1, \alpha_2, \ldots, \alpha_{N+1}$ がなければならない．ところがたとえば j を整数として，

$$f_j(x) = \begin{cases} 1 & (j-1 \leq x < j) \\ 0 & （それ以外） \end{cases} \tag{1.16}$$

と選べば，明らかに $\alpha_1 = \alpha_2 = \cdots = \alpha_{N+1} = 0$ しかあり得ない．したがって $L^2(\mathbb{R})$ は無限次元の線形空間である．

1.1.3 正規直交基底

N 次元ユークリッド空間において，x_1-軸，x_2-軸，$\ldots$，x_N-軸のそれぞれの方向を向く単位長さのベクトル $\boldsymbol{e}_1, \boldsymbol{e}_2, \ldots, \boldsymbol{e}_N$ を用いると，任意のベクトル $\boldsymbol{x}$ をこれらの一次結合

$$\boldsymbol{x} = \sum_{i=1}^{N} \alpha_i \boldsymbol{e}_i = \alpha_1 \boldsymbol{e}_1 + \alpha_2 \boldsymbol{e}_2 + \cdots + \alpha_N \boldsymbol{e}_N \tag{1.17}$$

として表わすことができ，その係数は N 次元空間の内積 $\langle \cdot, \cdot \rangle_N$ を用いて

$$\alpha_i = \langle \boldsymbol{e}_i, \boldsymbol{x} \rangle_N \tag{1.18}$$

のように求められる．同じことを無限次元線形空間である $L^2(\mathbb{R})$ で考えてみよう．$L^2(\mathbb{R})$ は無限次元なので，無限個の元（関数）$e_1, e_2, \ldots$ を考えて，これらは一次独立であるとしよう．ここでの一次独立性の定義は定数 α_i に対し

$$\sum_{j=1}^{\infty} \alpha_j e_j = \alpha_1 e_1 + \alpha_2 e_2 + \cdots = 0 \implies \alpha_1 = \alpha_2 = \cdots = 0 \tag{1.19}$$

が成り立つことである[3]．

---

[3] 一次独立性の普通の定義は，有限個の和のみを考え，任意の自然数 n と定数 α_i ($1 \leq i \leq n$) に対し

$$\sum_{j=1}^{n} \alpha_j e_j = \alpha_1 e_1 + \alpha_2 e_2 + \cdots + \alpha_n e_n = 0 \implies \alpha_1 = \alpha_2 = \cdots = \alpha_n = 0$$

が成り立つことである．無限和を考えた (1.19) が成り立つときは linearly ω-independent とよばれることが多いが，本書では単に一次独立とよぶことにしておく．なお (1.19) の仮定は，「無限和が収束して和が 0 であれば」という意味である．

さらに $e_1, e_2, \ldots$ の一次結合によって任意の元 $f \in L^2(\mathbb{R})$ を表すことができるとき，これらは**基底** (basis) をなすという．つまり基底であるための条件は，それらが一次独立であり，任意の元 f を

$$f = \sum_{j=1}^{\infty} \alpha_j e_j = \alpha_1 e_1 + \alpha_2 e_2 + \cdots \tag{1.20}$$

と表せることである．この無限和は f の $e_1, e_2, \ldots$ による展開とよばれる．

またさらに基底ベクトル $e_1, e_2, \ldots$ は，互いに直交ししかもそれぞれの大きさが1であるとき，すなわち式で書けば[4]

$$\langle e_i, e_j \rangle = \delta_{i,j}, \qquad i, j \in \mathbb{N} \tag{1.21}$$

であるとき**正規直交基底**とよばれる[5]．ここで $\delta_{i,j}$ は**クロネッカーのデルタ** (Kronecker delta) とよばれる記号で，$\delta_{i,j} = 0\ (i \neq j)$, $\delta_{i,j} = 1\ (i = j)$ である．冒頭で述べた N 次元空間の $e_1, \ldots, e_N$ は正規直交基底の例である．この例と同様に，正規直交基底による展開 (1.20) の係数 α_j は，(1.20) 式と e_j の内積をとることによって

$$\alpha_j = \langle e_j, f \rangle \tag{1.22}$$

と得られる．後に述べるように，ウェーブレットの中には正規直交ウェーブレットとよばれるものがあり，それらは $L^2(\mathbb{R})$ の正規直交基底となっている．したがって正規直交ウェーブレットによる展開の係数は (1.22) によって求めることができる．またこの場合，有限次元のときのピタゴラスの定理に相当する**パーセヴァルの等式** (Parseval identity)

$$\|f\|^2 = \sum_{j=1}^{\infty} |\langle e_j, f \rangle|^2 \tag{1.23}$$

が成立する．

---

[4] $\mathbb{N}$ は自然数（正の整数）全体の集合，$\mathbb{Z}$ は整数全体の集合を表す．
[5] 基底であるかどうかにかかわらず，正規直交関係 (1.21) を満たすとき，正規直交**系**とよばれる．

> **まとめ 1.1**
>
> 本書では，関数 $f(x)$ は二乗可積分，すなわち積分
>
> $$\int_{-\infty}^{\infty} |f(x)|^2 \, dx \tag{1.1}$$
>
> が有限値であることを仮定する．このような関数全体を $L^2(\mathbb{R})$ と書く．$L^2(\mathbb{R})$ に属する関数 $f(x), g(x)$ に対して内積を
>
> $$\langle f, g \rangle = \int_{-\infty}^{\infty} \overline{f(x)} g(x) \, dx \tag{1.2}$$
>
> によって定義する．

1.2 デルタ関数

正規直交基底の性質 (1.21) には $\delta_{i,j}$ が現れるが，$L^2(\mathbb{R})$ は無限次元であるため基底ベクトルが連続的なパラメータをもつ場合がある．この場合の正規直交性を表現するために新しくデルタ関数とよばれる概念を導入する．

デルタ関数 $\delta(x)$ とは次の性質を満たす関数である．

$$\delta(x) = 0 \quad (x \neq 0), \quad \int_{-\infty}^{\infty} \delta(x) \, dx = 1 \tag{1.24}$$

以下では $f(x)$ は連続関数で，後の便宜上，有界な関数としておく．このとき

$$f(x)\delta(x) = f(0)\delta(x) \tag{1.25}$$

であるので

$$\int_{-\infty}^{\infty} f(x)\delta(x) \, dx = f(0) \tag{1.26}$$

が導かれる．また $\delta(x)$ を $\delta(x-a)$ に置き換えれば

$$\int_{-\infty}^{\infty} f(x)\delta(x-a) \, dx = \int_{-\infty}^{\infty} f(x+a)\delta(x) \, dx = f(a) \tag{1.27}$$

が得られる．

もともとデルタ関数は量子力学の記述の便宜のためにディラック (P.A.M. Dirac) によって導入された．上の性質からわかるように $\delta(0)$ の値は有限値ではありえない．したがってこのような性質をもつ関数は存在しない．しかしデルタ関数を含む式は，両辺を（何か別の）関数にかけて積分すると等しくなるという意味で正しい式となっている．しかも，あたかもデルタ関数が普通の関数として存在するかのように計算することによって，複雑な計算結果が容易に得られることが多いため，多くの数学者を刺激してさまざまの数学的正当化が行われてきた．現在ではデルタ関数は超関数 (distribution) とよばれる概念の下に矛盾なく定義されており，実用上は上のような形式的演算を行ってなんら差し支えないことが知られている．以下ではデルタ関数を積極的に利用しよう．

デルタ関数の有用さは次の積分表現を通して発揮される．

$$\delta(x) = \frac{1}{2\pi} \int_{-\infty}^{\infty} e^{i\omega x}\, d\omega. \tag{1.28}$$

ここで $e^{i\omega x} = \cos\omega x + i\sin\omega x$ である．

この式を導くには

$$e^{i\omega x} = \lim_{\epsilon \to +0} e^{i\omega x - \epsilon\omega^2} \tag{1.29}$$

に注目して，(1.28) の右辺と連続関数 $f(x)$ の積の積分が $f(0)$ を与えることを示せばよい．準備としてまず，$a > 0, b \in \mathbb{R}$ のとき，

$$\int_{-\infty}^{\infty} e^{-a(x-ib)^2}\, dx = \sqrt{\frac{\pi}{a}} \tag{1.30}$$

となることを示そう．左辺を $F(b)$ とおいて $dF/db = 0$ を計算する．

$$\frac{dF}{db}(b) = \int_{-\infty}^{\infty} 2ai(x - ib) e^{-a(x-ib)^2}\, dx \tag{1.31}$$

$$= \int_{-\infty}^{\infty} (-i) \frac{d}{dx} e^{-a(x-ib)^2}\, dx \tag{1.32}$$

$$= \left[(-i) e^{-a(x-ib)^2} \right]_{-\infty}^{\infty} = 0 \tag{1.33}$$

したがって $F(b)$ の値は b によらないから，

$$F(b) = F(0) = \int_{-\infty}^{\infty} e^{-ax^2}\, dx = \sqrt{\frac{\pi}{a}} \tag{1.34}$$

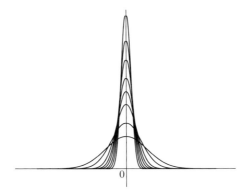

図 1.2 (1.42) 式のデルタ関数への収束

を得る．この結果を用いると

$$\int_{-\infty}^{\infty} f(x) \left(\frac{1}{2\pi} \int_{-\infty}^{\infty} e^{i\omega x} \, d\omega \right) dx \tag{1.35}$$

$$= \lim_{\epsilon \to +0} \frac{1}{2\pi} \int_{-\infty}^{\infty} f(x) \left(\int_{-\infty}^{\infty} e^{i\omega x - \epsilon \omega^2} \, d\omega \right) dx \tag{1.36}$$

$$= \lim_{\epsilon \to +0} \frac{1}{2\pi} \int_{-\infty}^{\infty} f(x) \left(\int_{-\infty}^{\infty} e^{-\epsilon \{\omega - ix/(2\epsilon)\}^2} e^{-x^2/(4\epsilon)} \, d\omega \right) dx \tag{1.37}$$

$$= \lim_{\epsilon \to +0} \frac{1}{2\pi} \int_{-\infty}^{\infty} f(x) \left(\sqrt{\frac{\pi}{\epsilon}} e^{-x^2/(4\epsilon)} \right) dx \tag{1.38}$$

$$= \lim_{\epsilon \to +0} \frac{1}{\sqrt{\pi}} \int_{-\infty}^{\infty} f(\sqrt{4\epsilon} s) e^{-s^2} \, ds \tag{1.39}$$

$$= \frac{f(0)}{\sqrt{\pi}} \int_{-\infty}^{\infty} e^{-s^2} \, ds = f(0). \tag{1.40}$$

これで (1.28) が示された．(1.39) では変数変換 $x = \sqrt{4\epsilon} s$ を用いている．この計算は (1.29) が示唆する関係式

$$\delta(x) = \frac{1}{2\pi} \int_{-\infty}^{\infty} e^{i\omega x} \, d\omega = \lim_{\epsilon \to +0} \frac{1}{2\pi} \int_{-\infty}^{\infty} e^{i\omega x - \epsilon \omega^2} \, d\omega \tag{1.41}$$

$$= \lim_{\epsilon \to +0} \frac{1}{\sqrt{4\pi\epsilon}} e^{-x^2/(4\epsilon)} \tag{1.42}$$

の正しい意味を与えていることに注意しよう．この関係式は最後の式が示す

ように $\epsilon \to +0$ において発散する(図1.2).しかしこの式を,デルタ関数の定義のように,「$f(x)$ をかけて積分した結果が等しい」という意味に理解すれば,上の計算が示すように正しい結果を与える.デルタ関数の積分表現(1.28)もやはり,この式のままでは無限積分が発散するが,「$f(x)$ をかけて必要ならば (x と ω の)積分の順序を交換して計算する」と理解すればよい.そこで以後は,式の意味をこのように理解して,積分の順序や積分と極限操作の順序をしばしばことわりなく交換することにする.またデルタ関数のように普通の意味の関数ではないものも区別なく関数とよぶことにする.

最後にデルタ関数の変数変換の公式を与えておこう.$\varphi(x)$ がなめらかな関数[6]のとき

$$\delta(\varphi(x)) = \sum_i \frac{\delta(x-\lambda_i)}{|\varphi'(\lambda_i)|} \tag{1.43}$$

が成り立つ.ここで $x = \lambda_i$ は $\varphi(x) = 0$ の解であり $\varphi'(\lambda_i) \neq 0$ とする.和はすべての解についてとる.これを示すにはなめらかな関数 $f(x)$ をかけて積分してやればよい.解 λ_i 以外の点では $\delta(\varphi(x)) = 0$ だから

$$\int_{-\infty}^{\infty} f(x)\delta(\varphi(x))\,dx = \sum_i \int_{B_i} f(x)\delta(\varphi(x))\,dx \tag{1.44}$$

となる.ここで B_i は λ_i を含む十分狭い区間で,B_i 内では $\varphi(x)$ の逆関数が定義できるものとする.積分変数を $s = \varphi(x)$ ($x \in B_i$) に変換すると,$ds = \varphi'(x)\,dx$ より上式は

$$\sum_i \int_{\varphi(B_i)} f(\varphi^{-1}(s))\delta(s)\frac{1}{|\varphi'(x)|}\,ds \tag{1.45}$$

$$= \sum_i f(\varphi^{-1}(0))\frac{1}{|\varphi'(\lambda_i)|} = \sum_i \frac{f(\lambda_i)}{|\varphi'(\lambda_i)|} \tag{1.46}$$

$$= \int_{-\infty}^{\infty} f(x) \sum_i \frac{\delta(x-\lambda_i)}{|\varphi'(\lambda_i)|}\,dx \tag{1.47}$$

となる.これは (1.43) 式を示している.簡単な具体例として定数 $a(\neq 0), b$

---

[6] 「なめらかな関数」とは,議論が成り立つのに十分な微分可能性をもつ関数のことである.無限回微分可能な関数という意味で使われることも多い.

に対し $\varphi(x) = ax + b$ ととると

$$\delta(ax+b) = \frac{1}{|a|}\delta\left(x + \frac{b}{a}\right). \tag{1.48}$$

特に $\delta(-x) = \delta(x)$ であり，デルタ関数は偶関数である．

まとめ 1.2

$$\int_{-\infty}^{\infty} \delta(x)f(x)\,dx = f(0). \tag{1.26}$$

$$\delta(x) = \frac{1}{2\pi}\int_{-\infty}^{\infty} e^{i\omega x}\,d\omega. \tag{1.28}$$

1.3 フーリエ解析

フーリエ解析は，与えられた関数をさまざまな周期の三角関数の和として表現して，関数の性質を調べる方法である．

1.3.1 フーリエ変換と逆フーリエ変換

無限区間 $-\infty < x < \infty$ で定義された関数 $f(x)$ が与えられたとき，この関数のフーリエ変換 $\hat{f}(\omega)$ を次のように定義する．

$$\hat{f}(\omega) = \int_{-\infty}^{\infty} e^{-i\omega x} f(x)\,dx. \tag{1.49}$$

このとき $\hat{f}(\omega)$ を $f(x)$ にもどす逆変換は

$$f(x) = \frac{1}{2\pi}\int_{-\infty}^{\infty} e^{i\omega x} \hat{f}(\omega)\,d\omega \tag{1.50}$$

で与えられる[7]．これは次のようにデルタ関数を用いて示すことができる．

---

[7] フーリエ変換の定義には係数 $1/(2\pi)$ を処理する位置に関していくつかの流儀があり文献を参照する際には注意が必要である．数学では e の肩を $2\pi i x$ としたり，変換・逆変換とも前に $\sqrt{1/(2\pi)}$ につけることで係数のバランスをとるものが好まれるが，応用に際してはこのことは必ずしも一般的ではない．さりとてほぼ一般的といえる別の流儀があるわけでもなく，ここで用いる定義もそれらの一つにすぎない．

$$\frac{1}{2\pi}\int_{-\infty}^{\infty}e^{i\omega x}\hat{f}(\omega)\,d\omega = \frac{1}{2\pi}\int_{-\infty}^{\infty}e^{i\omega x}\left(\int_{-\infty}^{\infty}e^{-i\omega x'}f(x')\,dx'\right)d\omega \quad (1.51)$$

$$= \int_{-\infty}^{\infty}f(x')\frac{1}{2\pi}\left(\int_{-\infty}^{\infty}e^{i\omega(x-x')}\,d\omega\right)dx' \quad (1.52)$$

$$= \int_{-\infty}^{\infty}f(x')\delta(x-x')\,dx' \quad (1.53)$$

$$= f(x). \quad (1.54)$$

逆変換公式 (1.50) は，関数 $f(x)$ が $e^{i\omega x} = \cos\omega x + i\sin\omega x$ の重ね合わせとして書けることを示している．個々の関数 $e^{i\omega x}$ は実部も虚部も周波数（振動数）[8] ω で振動する三角関数である．つまりフーリエ解析とは，関数を三角関数の重ね合わせで表すことに他ならず，重ね合わせの重み $\hat{f}(\omega)$ を与える式がフーリエ変換 (1.49) である．

例としてガウス関数 $f(x) = e^{-ax^2}$ （a は正の定数）のフーリエ変換を求めてみよう．(1.30) により

$$\begin{aligned}\int_{-\infty}^{\infty}e^{-i\omega x}e^{-ax^2}\,dx &= \int_{-\infty}^{\infty}e^{-a\{x+i\omega/(2a)\}^2-\omega^2/(4a)}\,dx \\ &= \sqrt{\frac{\pi}{a}}e^{-\omega^2/(4a)}.\end{aligned} \quad (1.55)$$

ガウス関数のフーリエ変換は再び類似の形の関数となる．またデルタ関数 $\delta(x)$ のフーリエ変換は，(1.26) から直ちに

$$\int_{-\infty}^{\infty}e^{-i\omega x}\delta(x)\,dx = 1 \quad (1.56)$$

となる．この逆変換は

$$\delta(x) = \frac{1}{2\pi}\int_{-\infty}^{\infty}e^{i\omega x}\,d\omega \quad (1.57)$$

となるが，これはデルタ関数の積分表現 (1.28) そのものである．

---

[8] 工学や物理学では，この ω を角周波数（あるいは角振動数），$\omega/(2\pi)$ を周波数（あるいは振動数）とよぶこともあるが，本書では ω を**周波数** (frequency)（あるいは振動数）とよぶことにする．

1.3 フーリエ解析

なお，$f(x)$ のフーリエ変換が $\hat{f}(\omega)$ であるとき次の各々の関数はフーリエ変換によって

$$f(x-b) \quad \to \quad e^{-i\omega b}\hat{f}(\omega), \tag{1.58}$$

$$f\left(\frac{x}{a}\right) \quad \to \quad |a|\hat{f}(a\omega), \tag{1.59}$$

$$f\left(\frac{x-b}{a}\right) \quad \to \quad |a|e^{-i\omega b}\hat{f}(a\omega) \tag{1.60}$$

となる．ここで $a(\neq 0), b$ は実定数である．また $f(x)$ の導関数のフーリエ変換は $f(\pm\infty) = 0$ として

$$\begin{aligned}\int_{-\infty}^{\infty} e^{-i\omega x}\frac{df(x)}{dx}\,dx &= \left[e^{-i\omega x}f(x)\right]_{-\infty}^{\infty} + i\omega \int_{-\infty}^{\infty} e^{-i\omega x}f(x)\,dx \\ &= i\omega\hat{f}(\omega)\end{aligned} \tag{1.61}$$

となる．これらの関係はウェーブレット解析においてしばしば用いられる．

1.3.2 パーセヴァルの等式

関数 $g(x)$ はフーリエ変換 $\hat{g}(\omega)$ を用いて

$$g(x) = \frac{1}{2\pi}\int_{-\infty}^{\infty} e^{i\omega x}\hat{g}(\omega)\,d\omega \tag{1.62}$$

と表せる．この式の両辺と $f(x)$ の内積をとると，

$$\langle f, g \rangle = \int_{-\infty}^{\infty} \overline{f(x)}\frac{1}{2\pi}\int_{-\infty}^{\infty} e^{i\omega x}\hat{g}(\omega)\,d\omega\,dx \tag{1.63}$$

$$= \frac{1}{2\pi}\int_{-\infty}^{\infty} \hat{g}(\omega)\overline{\int_{-\infty}^{\infty} e^{-i\omega x}f(x)\,dx}\,d\omega \tag{1.64}$$

$$= \frac{1}{2\pi}\int_{-\infty}^{\infty} \overline{\hat{f}(\omega)}\hat{g}(\omega)\,d\omega \tag{1.65}$$

となるので，

$$\int_{-\infty}^{\infty} \overline{f(x)}g(x)\,dx = \frac{1}{2\pi}\int_{-\infty}^{\infty} \overline{\hat{f}(\omega)}\hat{g}(\omega)\,d\omega \tag{1.66}$$

が得られる．この等式の特徴は，実空間 (x) における積分をフーリエ空間 (ω) における積分に変換することにあり，特に被積分関数のフーリエ変換が単純

な形をしているときに効果的である．以下，本書で述べるウェーブレット解析においてはこの等式を多用することになる．

(1.66) で特に $g(x) = f(x)$ とおくと

$$\int_{-\infty}^{\infty} |f(x)|^2 \, dx = \frac{1}{2\pi} \int_{-\infty}^{\infty} |\hat{f}(\omega)|^2 \, d\omega, \tag{1.67}$$

すなわち $\|f\| = \|\hat{f}\|/\sqrt{2\pi}$ が得られる．(1.66), (1.67) は**パーセヴァルの等式** (Parseval identity) とよばれ，$f(x)$ とそのフーリエ変換 $\hat{f}(\omega)$ のノルムが，因子 $1/\sqrt{2\pi}$ を除いて等しいこと，すなわちフーリエ変換は等長変換（ノルムを変えない変換）の定数倍であることを示している．またこの結果，二乗可積分関数のフーリエ変換は再び二乗可積分関数となることに注意しよう．

ところで，デルタ関数の積分表現より

$$\delta(\omega - \omega') = \frac{1}{2\pi} \int_{-\infty}^{\infty} \overline{e^{i\omega x}} e^{i\omega' x} \, dx = \left\langle \frac{e^{i\omega x}}{\sqrt{2\pi}}, \frac{e^{i\omega' x}}{\sqrt{2\pi}} \right\rangle \tag{1.68}$$

となるが，離散的な場合の正規直交関係 (1.21) との類似から，$\{ e^{i\omega x}/\sqrt{2\pi} \}_{\omega \in \mathbb{R}}$ が $L^2(\mathbb{R})$ の正規直交系をなしていると考えることができる．実際，フーリエ変換と逆変換の関係から

$$f(x) = \int_{-\infty}^{\infty} \frac{\hat{f}(\omega)}{\sqrt{2\pi}} \frac{e^{i\omega x}}{\sqrt{2\pi}} \, d\omega, \tag{1.69}$$

$$\frac{\hat{f}(\omega)}{\sqrt{2\pi}} = \left\langle \frac{e^{i\omega x}}{\sqrt{2\pi}}, f(x) \right\rangle \tag{1.70}$$

という関係が得られるが，これは関数系 $\{ e^{i\omega x}/\sqrt{2\pi} \}_{\omega \in \mathbb{R}}$ を正規直交基底と見なしたときの展開と解釈できる．また有限次元のときのピタゴラスの定理に相当する関係は

$$\int_{-\infty}^{\infty} |f(x)|^2 \, dx = \int_{-\infty}^{\infty} \left| \left\langle \frac{e^{i\omega x}}{\sqrt{2\pi}}, f(x) \right\rangle \right|^2 \, d\omega \tag{1.71}$$

となるが，これはパーセヴァルの等式に他ならない．この式は全エネルギーが各基底成分にどのように分配されているかを表しており，

$$E(\omega) = \left| \left\langle \frac{e^{i\omega x}}{\sqrt{2\pi}}, f(x) \right\rangle \right|^2 = \frac{1}{2\pi} |\hat{f}(\omega)|^2 \tag{1.72}$$

と定義される $E(\omega)$ をエネルギースペクトルとよぶことも多い．なお $f(x)$ が可積分[9]であるとき，$\lim_{\omega \to \pm\infty} E(\omega) = 0$ すなわち $\lim_{\omega \to \pm\infty} \hat{f}(\omega) = 0$ が成り立つことが知られている（リーマン-ルベーグ (Riemann-Lebesgue) の定理）．

1.3.3 不確定性関係

関数 $f(x)$ とそのフーリエ変換 $\hat{f}(\omega)$ の間には不確定性関係として知られる強い拘束条件がある．これを説明しよう．

いま関数 $f(x)$ のグラフを頭において，拡がりの中心位置を

$$x_{mean} = \frac{1}{||f||^2} \int_{-\infty}^{\infty} x|f(x)|^2 \, dx \tag{1.73}$$

で定義する．ここでは $f(x)$ は恒等的にゼロではないこと，すなわち $||f|| \neq 0$ を仮定する．$|f(x)|^2/||f||^2$ は正であり全区間で積分すれば 1 になるので，x-軸上の確率分布と考えてもよい．x_{mean} はこの確率分布における x の平均値である．このとき拡がり幅の目安である分散は

$$\Delta_f^2 = \frac{1}{||f||^2} \int_{-\infty}^{\infty} (x - x_{mean})^2 |f(x)|^2 \, dx \tag{1.74}$$

となる．フーリエ変換 $\hat{f}(\omega)$ に対しても同様に中心位置と分散が

$$\omega_{mean} = \frac{1}{||\hat{f}||^2} \int_{-\infty}^{\infty} \omega |\hat{f}(\omega)|^2 \, d\omega \tag{1.75}$$

$$\Delta_{\hat{f}}^2 = \frac{1}{||\hat{f}||^2} \int_{-\infty}^{\infty} (\omega - \omega_{mean})^2 |\hat{f}(\omega)|^2 \, d\omega \tag{1.76}$$

と定義される．このとき不確定性関係とよばれる次の不等式が成り立つ．

$$\Delta_f \Delta_{\hat{f}} \geq \frac{1}{2}. \tag{1.77}$$

これを証明しよう．$x - x_{mean}$ と $\omega - \omega_{mean}$ をそれぞれあらためて x と ω とおくとき（座標変換），分散は不変であるが，平均値は 0 となる．した

---

[9] $\int_{-\infty}^{\infty} |f(x)| \, dx$ が有限であるとき，$f(x)$ を可積分関数とよぶ．

がって，一般性を失なわずに $x_{mean} = \omega_{mean} = 0$ とおくことができる．

$$\Delta_f^2 \Delta_{\hat{f}}^2 = \frac{1}{||f||^2} \frac{1}{||\hat{f}||^2} \int_{-\infty}^{\infty} x^2 |f(x)|^2 \, dx \int_{-\infty}^{\infty} \omega^2 |\hat{f}(\omega)|^2 \, d\omega \tag{1.78}$$

$$= \frac{1}{||f||^2} \frac{1}{||\hat{f}||^2} \int_{-\infty}^{\infty} x^2 |f(x)|^2 \, dx \, 2\pi \int_{-\infty}^{\infty} \left| \frac{df(x)}{dx} \right|^2 dx \tag{1.79}$$

$$\geq \frac{1}{||f||^4} \left| \int_{-\infty}^{\infty} \overline{xf(x)} \frac{df(x)}{dx} \, dx \right|^2 \tag{1.80}$$

$$\geq \frac{1}{||f||^4} \left| \int_{-\infty}^{\infty} \mathrm{Re}\left[\overline{xf(x)} \frac{df(x)}{dx} \right] dx \right|^2 \tag{1.81}$$

$$= \frac{1}{4||f||^4} \left| \int_{-\infty}^{\infty} \left[\overline{xf(x)} \frac{df(x)}{dx} + \overline{\frac{df(x)}{dx}} xf(x) \right] dx \right|^2 \tag{1.82}$$

$$= \frac{1}{4||f||^4} \left| \int_{-\infty}^{\infty} \left[\overline{xf(x)} \frac{df(x)}{dx} - \overline{f(x)} \frac{d(xf(x))}{dx} \right] dx \right|^2 \tag{1.83}$$

$$= \frac{1}{4||f||^4} \left| \int_{-\infty}^{\infty} \left(-\overline{f(x)} f(x) \right) dx \right|^2 \tag{1.84}$$

$$= \frac{1}{4}. \tag{1.85}$$

ここで (1.79) では導関数のフーリエ変換 (1.61) とパーセヴァルの等式 (1.67) を，また (1.80) ではシュワルツの不等式 (1.6) とパーセヴァルの等式 (1.67) をそれぞれ用いた．

　不確定性関係は，関数とそのフーリエ変換が両方同時に針のように細い関数になることは不可能であることを意味している．たとえばガウス関数とそのフーリエ変換 (1.55) は $a \to +0$ あるいは $a \to +\infty$ のとき，一方の幅が細くなるにつれて他方は幅広になってゆく（図 1.3）．このように x-軸上の局在性を高めると自動的に ω-軸上の局在性が下がることになる．これは，針のように細い関数を作るには多くの周波数の三角関数を動員しなければならないことによる．またこのことは，たとえ単独の三角関数であっても，それが短い断片ならば，実際には多くの周波数の三角関数が含まれていることを意味している．

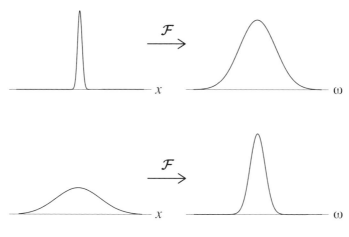

図 1.3 ガウス関数のフーリエ変換

1.3.4 有界なサポートをもつ関数のフーリエ変換

遠方で最も速く減衰する関数 $f(x)$ として,$f(x) \neq 0$ となる x の集合 $M_{\neq 0}$ が有界集合となるものを考えよう.

まず言葉を一つ定義する.解析学では,その外側では $f(x) = 0$ となるような最小の閉集合 M を考えて,それを関数 $f(x)$ の**サポート** (support) とよび,$\mathrm{supp}\, f$ と書く[10].M は $M_{\neq 0}$ を含む最小の閉集合である.$f(x)$ が連続関数のとき,$M_{\neq 0}$ は,それが区間である場合には開区間となり区間の端の点は含まないが,サポート M は $M_{\neq 0}$ に加えてその端点も含むこととなる.

関数 $f(x)$ のサポート M が有界集合であるときは,M は十分に大きな R をとれば区間 $[-R, R]$ に含まれるので,

$$\hat{f}(\omega) = \int_{-\infty}^{\infty} e^{-i\omega x} f(x)\, dx = \int_{-R}^{R} e^{-i\omega x} f(x)\, dx \tag{1.86}$$

となる.右辺は有限区間上の積分であるから

---

[10] 日本語では「台」とよばれることも多い.

$$\int_{-R}^{R} |(-ix)e^{-i\omega x}f(x)|\,dx = \int_{-R}^{R} |xf(x)|\,dx \\ \leq R\int_{-R}^{R} |f(x)|\,dx < \infty \qquad (1.87)$$

となるので[11]，$\hat{f}(\omega)$ は ω で微分可能である．この計算は ω を複素数としても成り立つので，$\hat{f}(\omega)$ は整関数（任意の複素数 ω において正則な関数）となる．

この結果は，サポートが有界な関数 $f(x)$ のフーリエ変換 $\hat{f}(\omega)$ は，サポートが有界な関数に成り得ないことを示している．なぜなら，正則な関数 $\hat{f}(\omega)$ のサポートが有界であれば，それは常に 0 となる関数に限るからである．

1.3.5　フーリエ変換の意味と利点

フーリエ変換は関数 $f(x)$ を周波数 ω の三角関数 $e^{i\omega x} = \cos\omega x + i\sin\omega x$ に分解する．したがってもとの関数にそれぞれの周波数の成分がどのくらい含まれているかを調べることができ，エネルギースペクトル $E(\omega)$ はその指標を与える．

フーリエ変換が非常に便利な道具である理由の一つは，三角関数への分解が同時に理論的な基本解による分解としばしば一致することにある．世の中にある多くの自然現象や工学現象では，現象が激しいときは強い非線形効果が働き複雑な振る舞いが見られるが，ある程度静かな現象になると非線形効果が弱まって線形方程式によって記述できる場合が多い．しかもこの方程式が定数係数線形微分方程式であることも多く，この場合，方程式の基本的な解は三角関数によって表される．したがってデータを三角関数に分解することは，とりもなおさず，現象を支配する方程式の基本的な解に分解することに相当するため，フーリエ解析はデータ解析法であると同時に，現象の理論的説明に直結することになる．

さらにフーリエ変換には別の利点もある．フーリエ変換の基本になる $e^{i\omega x}$ は，x を x/ω にスケール変換すれば e^{ix} に一致する．すなわちすべての $e^{i\omega x}$

---

[11]　シュワルツの不等式より $\int_{-R}^{R} |f(x)|\,dx \leq \sqrt{\int_{-R}^{R} dx}\sqrt{\int_{-R}^{R} |f(x)|^2\,dx} = \sqrt{2R}\|f\| < \infty$ となるので $|f(x)|$ の積分は有限である．

は時間をスケール変換すれば一致するわけであり，$e^{i\omega x}$ 全体を考えれば特別な時間のスケールは存在しない．したがって，速い現象 $f_1(x)$ とゆっくりした現象 $f_2(x)$ が相似（すなわちスケール変換によって一致する）なら，つまり

$$f_1(x) = f_2(Tx) \qquad (T(>0) \text{ は定数}) \tag{1.88}$$

となるなら，それらのフーリエ変換もやはり周波数のスケール変換によって一致することになる：

$$\hat{f}_1(\omega) = \int_{-\infty}^{\infty} e^{-i\omega x} f_1(x)\,dx \tag{1.89}$$

$$= \int_{-\infty}^{\infty} e^{-i\omega x} f_2(Tx)\,dx \tag{1.90}$$

$$= \frac{1}{T} \int_{-\infty}^{\infty} e^{-i(\omega/T)s} f_2(s)\,ds \tag{1.91}$$

$$= \frac{1}{T} \hat{f}_2(\omega/T). \tag{1.92}$$

これは相似な信号のフーリエ変換は相似になることを示している．フーリエ変換は，それ自身が特別な時間スケールをもたないため，あらゆるスケールの現象を「平等に」扱うことができる道具である．

1.3.6 畳み込み

二つの関数 $f(x), g(x)$ についての積分

$$\int_{-\infty}^{\infty} f(x') g(x-x')\,dx' \tag{1.93}$$

は畳み込み (convolution) とよばれる．

畳み込みは重要なクラスの線形写像の表現を与える．いま線形写像 F によって $f(x)$ が $h(x)$ に写像されるとしよう．

$$F[f(x)] = h(x) \tag{1.94}$$

このときさらに $f(x)$ を $a\,(\in \mathbb{R})$ だけ平行移動した関数 $f(x-a)$ の像が，やはり $h(x)$ を a だけ平行移動した関数 $h(x-a)$ となる場合，すなわち任意の

a に対して
$$F[f(x-a)] = h(x-a) \tag{1.95}$$
となる場合に，写像 F は時間不変（あるいは平行移動不変）であるという．時間不変な線形写像によるデルタ関数 $\delta(x)$ の像 $g(x)$ を考えよう．時間不変性から
$$F[\delta(x-x')] = g(x-x') \tag{1.96}$$
となるが，この両辺に $f(x')$ をかけて x' で積分すると，左辺は
$$\int_{-\infty}^{\infty} f(x') F[\delta(x-x')] \, dx' = F\left[\int_{-\infty}^{\infty} f(x')\delta(x-x') \, dx'\right] \tag{1.97}$$
$$= F[f(x)] \tag{1.98}$$
となることから
$$F[f(x)] = \int_{-\infty}^{\infty} f(x') g(x-x') \, dx' \tag{1.99}$$
が得られる．このように時間不変な線形写像 F は $g(x)$ との畳み込みで表現されるため，$g(x)$ は F を特徴付ける重要な関数として応答関数とよばれている．

畳み込み演算はフーリエ変換を用いることで取扱いが容易になる．
$$\int_{-\infty}^{\infty} f(x') g(x-x') \, dx' = \frac{1}{2\pi} \int_{-\infty}^{\infty} e^{i\omega x} \hat{f}(\omega) \hat{g}(\omega) \, d\omega \tag{1.100}$$
のように，畳み込みのフーリエ変換は，$f(t), g(t)$ のそれぞれのフーリエ変換の積になる．この関係も次のようにデルタ関数を用いて示すことができる．
$$\int_{-\infty}^{\infty} f(x') g(x-x') \, dx' \tag{1.101}$$
$$= \int_{-\infty}^{\infty} \left(\frac{1}{2\pi}\right)^2 \left(\int_{-\infty}^{\infty} e^{i\omega x'} \hat{f}(\omega) d\omega\right)$$
$$\times \left(\int_{-\infty}^{\infty} e^{i\omega'(x-x')} \hat{g}(\omega') d\omega'\right) dx' \tag{1.102}$$
$$= \left(\frac{1}{2\pi}\right)^2 \int_{-\infty}^{\infty} \int_{-\infty}^{\infty} \left(\int_{-\infty}^{\infty} e^{i\omega x'} e^{i\omega'(x-x')} dx'\right) \hat{f}(\omega) \hat{g}(\omega') d\omega d\omega' \tag{1.103}$$

$$= \int_{-\infty}^{\infty} \int_{-\infty}^{\infty} \frac{1}{2\pi} \delta(\omega - \omega') e^{i\omega' x} \hat{f}(\omega) \hat{g}(\omega') d\omega d\omega' \tag{1.104}$$

$$= \frac{1}{2\pi} \int_{-\infty}^{\infty} e^{i\omega x} \hat{f}(\omega) \hat{g}(\omega) \, d\omega. \tag{1.105}$$

まとめ 1.3

フーリエ変換と逆フーリエ変換

$$\hat{f}(\omega) = \int_{-\infty}^{\infty} e^{-i\omega x} f(x) \, dx, \tag{1.49}$$

$$f(x) = \frac{1}{2\pi} \int_{-\infty}^{\infty} e^{i\omega x} \hat{f}(\omega) \, d\omega. \tag{1.50}$$

パーセヴァルの等式

$$\int_{-\infty}^{\infty} \overline{f(x)} g(x) \, dx = \frac{1}{2\pi} \int_{-\infty}^{\infty} \overline{\hat{f}(\omega)} \hat{g}(\omega) \, d\omega. \tag{1.66}$$

1.4 フーリエ級数

1.4.1 ポアソンの和公式

デルタ関数と $e^{i\omega x}$ の間には次の面白い関係が成り立つ.

$$\sum_{n=-\infty}^{\infty} e^{inx} = 2\pi \sum_{m=-\infty}^{\infty} \delta(x - 2\pi m) \tag{1.106}$$

この関係を示そう. 両辺とも周期 2π の周期関数なので, 1 周期より広い区間 $I = (-\pi - \epsilon, \pi + \epsilon)$ の上で示せばよい. $0 < \epsilon < \pi$ とする. I 上では (1.106) の右辺は $2\pi\delta(x)$ である.

まず次の $f(x)$ についての方程式を考えてみよう.

$$xf(x) = 0. \tag{1.107}$$

$f(x) = C\delta(x)$ (C は定数) は明らかにこの方程式の解である. 実はこれ以外

には解はない．ここではこのことを認めることにしよう．したがって (1.107) は $f(x) = C\delta(x)$ となるための必要十分条件である．

そこで (1.106) の左辺を $S(x)$ と書くと $e^{ix}S(x) = S(x)$ より

$$(1 - e^{ix})S(x) = 0 \tag{1.108}$$

が成り立つ．I 上では $1 - e^{ix} = x \times [0$ にならない連続関数$]$ となっているので，I 上で

$$xS(x) = 0 \tag{1.109}$$

が成り立ち，上に述べたことより

$$S(x) = C\delta(x) \tag{1.110}$$

が得られる．両辺を区間 $[-\pi, \pi]$ で積分すると，

$$\int_{-\pi}^{\pi} S(x)\, dx = C \tag{1.111}$$

だが，左辺は

$$\sum_{n=-\infty}^{\infty} \int_{-\pi}^{\pi} e^{inx}\, dx = 2\pi \tag{1.112}$$

となるので，$C = 2\pi$ となり，(1.106) が得られた．

なお (1.106) の両辺に $f(x)$ をかけて積分すると

$$\sum_{n=-\infty}^{\infty} \hat{f}(n) = 2\pi \sum_{m=-\infty}^{\infty} f(2\pi m) \tag{1.113}$$

となり，関数値の無限和とフーリエ変換の値の無限和が等しいことがわかる．式 (1.106), (1.113) はいずれもポアソンの和公式 (Poisson summation formula) とよばれている．簡単な応用としてこの公式を $f(x) = e^{-cx^2/(4\pi)}$ $(c > 0)$ に適用すると，(1.55) を用いて

$$\sum_{n=-\infty}^{\infty} e^{-\pi n^2/c} = \sqrt{c} \sum_{m=-\infty}^{\infty} e^{-\pi cm^2} \tag{1.114}$$

が得られる．

1.4.2 フーリエ級数

関数 $f(x)$ を周期 T の周期関数としよう.

$$f(x+T) = f(x), \qquad x \in \mathbb{R}. \tag{1.115}$$

このような関数は $f(x) \equiv 0$ でない限り

$$\int_{-\infty}^{\infty} |f(x)|^2 \, dx = \infty \tag{1.116}$$

となるので $L^2(\mathbb{R})$ には属さない．しかしデルタ関数を使うと類似の取扱いが可能になる．

関数 $f(x)$ のフーリエ変換を求めてみよう．

$$\hat{f}(\omega) = \int_{-\infty}^{\infty} e^{-i\omega x} f(x) \, dx \tag{1.117}$$

$$= \sum_{n=-\infty}^{\infty} \int_{nT}^{(n+1)T} e^{-i\omega x} f(x) \, dx \tag{1.118}$$

$$= \sum_{n=-\infty}^{\infty} \int_{0}^{T} e^{-i\omega(x+nT)} f(x+nT) \, dx \tag{1.119}$$

$$= \left(\sum_{n=-\infty}^{\infty} e^{-nT\omega i} \right) \int_{0}^{T} e^{-i\omega x} f(x) \, dx \tag{1.120}$$

$$= \left(\frac{2\pi}{T} \sum_{m=-\infty}^{\infty} \delta\!\left(\omega - \frac{2\pi m}{T}\right) \right) \int_{0}^{T} e^{-i\omega x} f(x) \, dx \tag{1.121}$$

$$= \left(2\pi \sum_{m=-\infty}^{\infty} \delta\!\left(\omega - \frac{2\pi m}{T}\right) \right) a_T(\omega) \tag{1.122}$$

$$= 2\pi \sum_{m=-\infty}^{\infty} a_T\!\left(\frac{2\pi m}{T}\right) \delta\!\left(\omega - \frac{2\pi m}{T}\right). \tag{1.123}$$

ここではポアソンの和公式 (1.106) を使いさらに

$$a_T(\omega) = \frac{1}{T} \int_{0}^{T} e^{-i\omega x} f(x) \, dx \tag{1.124}$$

とおいた．逆フーリエ変換は次のように離散和となる．

$$f(x) = \frac{1}{2\pi} \int_{-\infty}^{\infty} e^{i\omega x} \hat{f}(\omega)\, d\omega \tag{1.125}$$

$$= \frac{1}{2\pi} \int_{-\infty}^{\infty} e^{i\omega x} \left(2\pi \sum_{m=-\infty}^{\infty} a_T\left(\frac{2\pi m}{T}\right) \delta\left(\omega - \frac{2\pi m}{T}\right) \right) d\omega \tag{1.126}$$

$$= \sum_{m=-\infty}^{\infty} a_T\left(\frac{2\pi m}{T}\right) e^{i(2\pi m/T)x} \tag{1.127}$$

離散和 (1.127) はフーリエ級数，その係数 $a_T(2\pi m/T)$ はフーリエ係数とよばれる．このように周期関数はフーリエ級数を用いて表現することができる．周期関数は区間 $[0, T]$ の関数を周期的に実軸全体 $-\infty < x < \infty$ に拡張したものと考えることができる．そこで $f(x)$ を $[0, T]$ だけで考えることにしよう．このとき逆変換 (1.127) は展開関数 $e^{i(2\pi m/T)x}$ によって $[0, T]$ 上の任意の関数 $f(x)$ が表現されることを示している．

そこでフーリエ変換に対して $L^2(\mathbb{R})$ を考えたように，ここでは $[0, T]$ 上で二乗可積分，つまり

$$\int_0^T |f(x)|^2\, dx < \infty \tag{1.128}$$

となる関数 $f(x)$ 全体の集合を $L^2([0, T])$ と表すことにしよう．また内積とノルムを

$$\langle f, g \rangle_T = \frac{1}{T} \int_0^T \overline{f(x)} g(x)\, dx, \quad \|f\|_T = \sqrt{\langle f, f \rangle_T} \tag{1.129}$$

と定義する．容易にわかるように

$$\frac{1}{T} \int_0^T \overline{e^{i(2\pi m/T)x}} e^{i(2\pi m'/T)x}\, dx = \delta_{m,m'} \tag{1.130}$$

であるがこれは

$$\langle e^{i(2\pi m/T)x}, e^{i(2\pi m'/T)x} \rangle_T = \delta_{m,m'} \tag{1.131}$$

であること，すなわち m を整数として $e^{i2\pi mx/T}$ の全体は $L^2([0, T])$ の正規直交系であることを示しており，(1.127) よりそれらは基底となっている．実

際 (1.124) は展開 (1.127) の展開係数が

$$a_T\Big(\frac{2\pi m}{T}\Big) = \langle e^{i(2\pi m/T)x}, f\rangle_T = \frac{1}{T}\int_0^T e^{-i(2\pi m/T)x} f(x)\,dx \qquad (1.132)$$

によって求められることを示すが，これは (1.70) と同じ形式であることに注意しよう．特にフーリエ変換の場合の (1.67) に対応して

$$\|f\|_T^2 = \sum_{m=-\infty}^{\infty} \Big|a_T\Big(\frac{2\pi m}{T}\Big)\Big|^2 \qquad (1.133)$$

が成り立つ．またこのことから

$$\lim_{m\to\pm\infty} a_T\Big(\frac{2\pi m}{T}\Big) = 0 \qquad (1.134)$$

であることがわかる．

　実験や観測から得られるデータ $f(x)$ は有限の長さ（$x=0$ から $x=T$ まで）しかないので，フーリエ解析を行うためには，何らかの仮定によってそれを $-\infty < x < \infty$ に外挿する必要がある．たとえば，$x<0$ および $x>T$ の範囲は $f(x)=0$ であると仮定してみよう．このときフーリエ変換は，積分区間が実質的に $[0,T]$ になるため (1.124) の計算によって求められる．またこのとき ω はすべての実数値をとることになる．一方，データ $f(x)$ を周期 T の周期関数であると仮定して $[0,T]$ の外に外挿する場合はフーリエ級数を用いることになり，同じ (1.124) であっても周波数 ω は m を整数とする $\omega = 2\pi m/T$ のように離散的な値をとることになる．このように外挿の仕方の違いは $a_T(\omega)$ における ω が連続値か離散値かという違いに現れる．

1.4.3 関数のなめらかさと係数の減衰

　フーリエ変換やフーリエ級数では，$\hat{f}(\omega)$ や $a_T(2\pi m/T)$ は $|\omega|$ や $|m|$ が大きくなると 0 に収束する．もともとフーリエ変換もフーリエ級数も $f(x)$ の表現方法であって $f(x)$ と同じ量の情報をもっているため，どの表現も特に優れているわけではない．しかしこれは正確な表現を考えたときの話であって，もし小さな誤差は無視してよいということになれば，表現の優劣が生じ

ることになる．たとえば $f(x)$ が広い範囲の x において大きな値をもっているため無視してもよい場所が少ない場合でも，そのフーリエ変換 $\hat{f}(\omega)$ は狭い範囲の ω においてのみ大きな値をとるということがあり得る．このようなときは $\hat{f}(\omega)$ による表現の方が能率的であり，必要な情報が圧縮されていると考えられる．数学的にも $\hat{f}(\omega)$ の遠方での減衰の速さは $f(x)$ を特徴づける重要な性質であるが，このような実用的観点からも $|\omega|$ や $|m|$ が大きくなるとき，$\hat{f}(\omega)$ や $a_T(\frac{2\pi m}{T})$ がどのくらい速く 0 に収束するか，ということは大きな関心事となる．

いま関数 $f(x)$ は m 回連続的微分可能で m 次までの導関数が遠方 ($x \to \pm\infty$) で十分速く減衰するとしよう．このとき

$$\hat{f}(\omega) = \int_{-\infty}^{\infty} e^{-i\omega x} f(x)\, dx \tag{1.135}$$

$$= \left[\frac{e^{-i\omega x}}{-i\omega} f(x)\right]_{-\infty}^{\infty} + \frac{1}{i\omega} \int_{-\infty}^{\infty} e^{-i\omega x} f'(x)\, dx \tag{1.136}$$

$$= \cdots$$

$$= \frac{1}{(i\omega)^m} \int_{-\infty}^{\infty} e^{-i\omega x} f^{(m)}(x)\, dx \tag{1.137}$$

より

$$\int_{-\infty}^{\infty} |f^{(m)}(x)|\, dx = M < \infty \tag{1.138}$$

とおいて次式が成り立つ．

$$|\hat{f}(\omega)| \leq \frac{M}{|\omega|^m}. \tag{1.139}$$

このように $f(x)$ がなめらかであるほど $\hat{f}(\omega)$ の遠方 ($\omega \to \pm\infty$) での減衰は速くなる．したがって実用的な意味でフーリエ変換はなめらかな関数の表現に有利であるといえる．

しかし $f(x)$ がなめらかでない点（これを特異点という）x が存在するとこの減衰はただちに影響を受ける．いま $f(x)$ は $x \neq x_0$ で無限回微分可能であるが，ただ一点 $x = x_0$ において関数が不連続とすると，

$$\hat{f}(\omega) = \int_{-\infty}^{\infty} e^{-i\omega x} f(x)\, dx \tag{1.140}$$

$$= \int_{-\infty}^{x_0} e^{-i\omega x} f(x)\,dx + \int_{x_0}^{\infty} e^{-i\omega x} f(x)\,dx \tag{1.141}$$

$$= \left[\frac{e^{-i\omega x}}{-i\omega} f(x)\right]_{-\infty}^{x_0} + \frac{1}{i\omega}\int_{-\infty}^{x_0} e^{-i\omega x} f'(x)\,dx$$
$$+ \left[\frac{e^{-i\omega x}}{-i\omega} f(x)\right]_{x_0}^{\infty} + \frac{1}{i\omega}\int_{x_0}^{\infty} e^{-i\omega x} f'(x)\,dx \tag{1.142}$$

$$= \frac{e^{-i\omega x_0}}{i\omega}(f(x_0+0) - f(x_0-0))$$
$$+ \frac{1}{i\omega}\int_{-\infty}^{\infty} e^{-i\omega x} f'(x)\,dx \tag{1.143}$$

となって $\hat{f}(\omega)$ の遠方での減衰の速さは激減して $1/\omega$ のオーダーとなる．このように関数 $f(x)$ にただ一点でも特異点があれば，$\hat{f}(\omega)$ には大きな影響が現れる．仮にデータとしてほとんど興味のない部分であってもそこに特異点があると，フーリエ係数は強く影響を受けることになり，データのフーリエ解析に支障をきたす可能性がある．フーリエ級数の展開係数も同じ性質をもつことは容易に示すことができる．これは，フーリエ変換やフーリエ係数が $f(x)$ の広い範囲の性質を反映しているためである．

1.4.4 フーリエ係数の数値計算

実験や観測から得られる有限の長さのデータ $f(x)$ $(0 \leq x \leq T)$ のフーリエ解析を行うときは，たとえば $x < 0$ および $x > T$ の範囲は $f(x) = 0$ であると仮定するか，または，データ $f(x)$ が周期 T の周期関数であると仮定して $[0, T]$ の外に外挿するのが普通である．これらの場合はいずれも (1.124) の形の計算を行うことになるが，通常は $f(x)$ が周期 T の周期関数であると仮定することが多く，周波数 $\omega = 2\pi m/T$（m は整数）における $\hat{f}(\omega)$ の値 (1.124) を，高速フーリエ変換 (FFT : fast Fourier transform) とよばれる高速数値アルゴリズムによって求めることが多い．

いまデータが N 個の値 $f(x_j)$ $(j = 0, 1, \ldots, N-1)$ からなっているとしよう．ここで x_j は等間隔の点 $x_j = Tj/N$ である．このとき積分 (1.132) を有限和で近似しよう．数値解析において知られているように，(1.132) のよう

なめらかな周期関数の一周期積分は台形公式によって良い近似値が得られる．そこで (1.132) を区間幅 $\Delta x = T/N$ の台形公式によって近似すると

$$\frac{1}{T}\int_0^T e^{-i(2\pi m/T)x}f(x)\,dx \sim \frac{1}{T}\sum_{j=0}^{N-1} e^{-i(2\pi m/T)x_j}f(x_j)\Delta x \quad (1.144)$$

$$= \frac{1}{N}\sum_{j=0}^{N-1} e^{-i(2\pi m/N)j}f(x_j) \quad (1.145)$$

となり

$$a_m \equiv a_T\left(\frac{2\pi m}{T}\right) = \frac{1}{N}\sum_{j=0}^{N-1} e^{-i(2\pi m/N)j}f\left(\frac{Tj}{N}\right) \quad (1.146)$$

を得る．この計算は**有限フーリエ変換** (finite Fourier transform) ともよばれる[12]．この離散和では N を有限の値としているため，a_m が m について周期 N をもっている：$a_{m+N} = a_m$．したがって a_m のうち独立なものは N 個しかなく，通常は $0 \leq m \leq N-1$ の範囲で考えることが多い．

a_m から $f(Tk/N)$ を求める逆変換は，(1.146) に $e^{i(2\pi m/N)k}$ をかけ m について 0 から $N-1$ まで和をとることで得られる．

$$f\left(\frac{Tk}{N}\right) = \sum_{m=0}^{N-1} a_m e^{i(2\pi m/N)k} \quad (0 \leq k \leq N-1). \quad (1.147)$$

ここで

$$\frac{1}{N}\sum_{m=0}^{N-1} e^{-i(2\pi m/N)j}e^{i(2\pi m/N)k} = \delta_{j,k} \quad (0 \leq j,k \leq N-1) \quad (1.148)$$

を用いた．有限フーリエ変換の逆変換 (1.147) は (1.127) の無限和を有限和にしたものであるが，和の範囲が 0 から $N-1$ であることに注意しよう．この和のとり方は m の範囲が正の部分に偏っているように見えるが，

$$e^{i\{2\pi(m+N)/N\}k} = e^{i(2\pi m/N)k} \quad (1.149)$$

---

[12] **離散フーリエ変換** (DFT, discrete Fourier transform) とよばれることも多い．

および $a_{m+N} = a_m$ が成り立つので，(1.147) は

$$f\left(\frac{Tk}{N}\right) = \sum_{m=-N/2}^{N/2-1} a_m e^{i(2\pi m/N)k} \qquad (1.150)$$

と書くこともできる．なおここでは N は偶数と仮定した．

　有限フーリエ変換 (1.146) と逆有限フーリエ変換 (1.147) は，それぞれ N 個の値を求める公式であるが，その各々の値は N 個の積の和となっているため，全部の値を計算するには N^2 回の掛け算を必要とする．N が大きくなるとこの数は急速に大きくなるため，数値計算にかかる時間は膨大なものとなる．この理由により昔は，（逆）有限フーリエ変換は計算機においてもあまり実用的なものではないと考えられたことがあった．しかし 20 世紀の半ばすぎアメリカのクーリー (Cooley) とテューキー (Tukey) は，N が合成数のときこの計算に潜む繰り返しを省くことが可能であること，特に N が 2 のべきであるときは，掛け算回数を $N\log_2 N$ のオーダーまで激減させ得ることに気づいた．彼らは初めそれが論文発表に値する業績とは考えなかったのだが，米大統領の科学顧問から是非出版するよう勧められ論文を執筆したという．以後この新しい計算法は**高速フーリエ変換** (FFT：fast Fourier transform) とよばれ数値計算に革命的進歩をもたらすことになった．後日，同じ計算法は，実は 19 世紀初頭のガウスのノートにも記されていることが知られるようになった．面白いことにガウスも弟子に公表を勧められた（手紙が残っているそうである）が，それほどの価値を認めなかったのか論文として発表することはなかった．そのためか，以後この計算法は特殊な N の場合について繰り返し発見されたが，一般的な N を対象とするガウスの方法の再発見には，150 年後のクーリーとテューキーを待たねばならなかった．現在数値計算において高速フーリエ変換は必須の手法であり，ほとんどの数値計算ライブラリに装備されている．またインターネット上でも良いプログラムが公開されており，特殊な事情がなければそれらを使用する方がよいだろう．実際のプログラムコーディングにはアルゴリズム以外にも配慮すべき点が多々あるため，高速プログラムを実現することはそれほど容易ではないことを注意しておく．

まとめ 1.4

周期 T の関数 $f(x)$ のフーリエ級数展開.

$$f(x) = \sum_{m=-\infty}^{\infty} a_T\left(\frac{2\pi m}{T}\right) e^{i(2\pi m/T)x},$$

$$a_T\left(\frac{2\pi m}{T}\right) = \frac{1}{T}\int_0^T e^{-i(2\pi m/T)x} f(x)\,dx.$$

第2章
連続ウェーブレット変換

　連続ウェーブレット変換は，フーリエ変換に似た積分変換で逆変換も可能である．しかしその性質にはフーリエ解析と大きく異なる側面がある．

2.1 フーリエ解析とウェーブレット

2.1.1 フーリエ解析の長所と欠点

　フーリエ解析は，与えられた関数をさまざまな周期の三角関数の重ね合わせとして書くことにより，関数の性質を調べる方法である．関数 $f(x)$ がどのような周期の変動をどの程度含むのか調べるためには，関数をフーリエ変換してエネルギースペクトルを調べることによって答えることができる．つまり

$$\hat{f}(\omega) = \int_{-\infty}^{\infty} e^{-i\omega x} f(x)\, dx \tag{2.1}$$

から作られるエネルギースペクトル

$$E(\omega) = \frac{1}{2\pi} |\hat{f}(\omega)|^2 \tag{2.2}$$

は，$f(x)$ に含まれる周波数 ω の成分のエネルギー密度を表す[1]．したがって周波数が ω_1 から ω_2 の間にあるエネルギーは

$$\int_{\omega_1}^{\omega_2} E(\omega)\, d\omega \tag{2.3}$$

となる．

---

[1] 周波数（振動数）ω と周期 T は $\omega T = 2\pi$ の関係にある．

フーリエ解析にはもう一つ大きな特徴がある．§1.3.5 で見たように，時間のスケール変換，すなわち時間を延ばしたり縮めたりすること，によって重なる二つの信号 $f_1(x)$ と $f_2(x)$ のフーリエ変換は，やはり周波数のスケール変換によって一致する．すなわち相似な信号のフーリエ変換は相似になる．この素直な性質は，データ解析の道具としてのフーリエ変換の使いやすさでもあり，しばしば，「フーリエ変換自身は特徴的なスケールをもたない」と表現される．

しかしフーリエ解析が苦手とする問題も存在する．たとえば関数 $e^{-a(x-x_0)^2}$ のフーリエ変換を見てみよう．

$$\int_{-\infty}^{\infty} e^{-i\omega x} e^{-a(x-x_0)^2} dx = \sqrt{\frac{\pi}{a}} e^{-i\omega x_0} e^{-\omega^2/(4a)}, \quad a > 0. \tag{2.4}$$

このフーリエ変換は，関数 e^{-ax^2} のフーリエ変換 $\sqrt{\pi/a}e^{-\omega^2/(4a)}$ に $e^{-i\omega x_0}$ をかけたものとなっている．x_0 が $e^{-a(x-x_0)^2}$ の中心位置であることに注意すると，フーリエ変換では位置の情報は位相因子 $e^{-i\omega x_0}$ に入っている．ところがエネルギースペクトル $E(\omega)$ はフーリエ変換の絶対値の二乗で与えられるため，

$$E(\omega) = \frac{1}{2a} e^{-\omega^2/(2a)} \tag{2.5}$$

となり，位置情報である x_0 が欠落し，もとの関数の位置がわからなくなってしまう．つまりエネルギースペクトルでは関数の位置に関する事柄を調べることができない．もとのデータ（関数）に複数の出来事が含まれているとしても，エネルギースペクトルからは，それらが起こった順序がわからない．位置のことを知りたければ位相部分を調べなければならないが，フーリエ変換の位相から位置情報を拾い出すのは面倒で難しいことが多い．このため，フーリエ解析は位置あるいは時刻の詳細な議論には向いていない．

2.1.2 ウェーブレットのアイデア

フーリエ解析の利点を保ちつつ，位置情報が得られるような道具はどうやって作ればよいだろうか．この問題は科学や技術の多くの分野において古くから議論されてきた．最も簡単なアイデアは，興味のある時刻付近のデータだけ

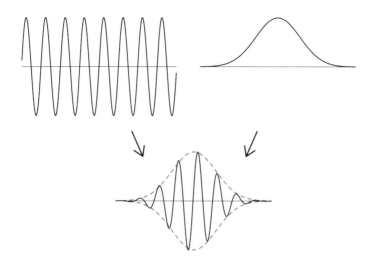

図 2.1 窓関数の導入

を使ってフーリエ解析するというものである．そのためにまず窓関数とよばれる関数 $w(x)$ を用意する．これは $x=0$ 付近で値 1 をとり，0 からある程度離れたところでは 0 あるいはほとんど 0 となる関数である．時刻 x_0 でのフーリエ解析を行いたいときには，本来のフーリエ変換の代わりに $w(x-x_0)f(x)$ のフーリエ変換

$$\hat{f}(x_0;\omega) = \int_{-\infty}^{\infty} e^{-i\omega x} w(x-x_0) f(x)\, dx \tag{2.6}$$

を考えて，これを時刻 x_0 におけるフーリエ変換と考えるわけである．

たとえば窓関数として

$$w(x) = \begin{cases} 1 & (|x| \leq 1) \\ 0 & (|x| > 1) \end{cases} \tag{2.7}$$

のように選べば，$w(x-x_0)f(x)$ は $f(x)$ を $|x-x_0| \leq 1$ の範囲だけに制限したものになるので，$|\hat{f}(x_0;\omega)|^2$ を「位置 x_0 付近の $f(x)$ のスペクトル」と考える．この方法は，「窓付きフーリエ変換」[2]とよばれ多くの分野で用いられており，窓関数 $w(x)$ の選び方についてもさまざまなものが提案されている．

---

[2] 「窓フーリエ変換」，「短時間フーリエ変換」などともよばれる．

窓付きフーリエ変換は簡明な方法であり使いやすいが，時刻の分解能が $w(x)$ の拡がっている範囲程度になるため，時刻の精度を上げようとすると窓関数 $w(x)$ を取り換える必要がある．また窓関数 $w(x)$ が持ち込まれているため，$\hat{f}(x_0;\omega)$ は $f(x)$ の性質だけでなく窓関数 $w(x)$ の性質も反映することになる．特に，$f(x)$ の伸縮が $\hat{f}(x_0;\omega)$ の伸縮に対応するという簡明な関係は成り立たない．

そこでこのような欠点を避けるために，**窓関数を含めた全体を伸縮させる**というアイデアが生まれた．これがウェーブレットの始まりである．

> **まとめ 2.1**
>
> フーリエ変換は周期成分に分解することは得意だが，時刻や位置を扱うことが得意でない．この欠点を補う目的でウェーブレット解析が開発された．

2.2 連続ウェーブレット変換の定義

2.2.1 基本的な考え方

窓付きフーリエ変換 (2.6) において窓関数を含めて伸縮させるとは，窓の中にある $e^{-i\omega x}$ の振動の数が常に一定であるように窓の広さを調整することを意味する．このためには窓付き振動，$e^{-i\omega x}w(x)$ を考えてこの全体を伸縮すればよい．たとえば横方向に 2 倍に伸ばすには

$$e^{-i\omega x/2} w\left(\frac{x}{2}\right) \tag{2.8}$$

を考えればよく，こうやって伸縮したものを考えたい時刻 x_0 に平行移動すればよい．この結果，

$$e^{-i\omega(x-x_0)/2} w\left(\frac{x-x_0}{2}\right) \tag{2.9}$$

を用いた積分変換

$$\int_{-\infty}^{\infty} e^{-i\omega(x-x_0)/2} w\left(\frac{x-x_0}{2}\right) f(x)\,dx \tag{2.10}$$

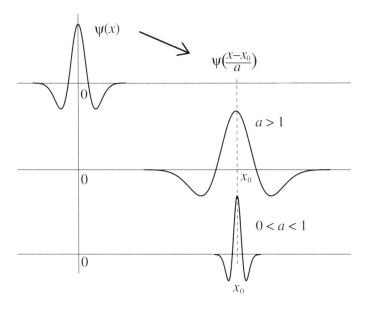

図 2.2 関数 $\psi(x)$ の伸縮と平行移動

を考えることになる．

しかしよく考えてみると，このような計算は $e^{-i\omega x}w(x)$ のような関数にこだわらなくても，何か適当な関数 $\psi(x)$ を選び，それを横方向に a 倍して x_0 に平行移動した関数 $\psi((x-x_0)/a)$ を用いてもよいのではないかというアイデアが生まれる（図 2.2）．つまり積分変換

$$\int_{-\infty}^{\infty} \psi\left(\frac{x-x_0}{a}\right) f(x)\,dx \tag{2.11}$$

を考えるわけである．これがウェーブレット変換の原型である．ここで a は伸縮のパラメータであり，$1/a$ がフーリエ変換の場合の周波数に対応している．この対応は厳密なものではないが，たとえば a が大きくなることは $\psi((x-x_0)/a)$ は横に伸びることを意味するので，周波数が低くなることに対応する．x_0 は平行移動のパラメータで，関数 $\psi((x-x_0)/a)$ の位置（時刻）に対応している．これはフーリエ変換には存在しなかったパラメータである．ウェーブレット変換はこれら二つのパラメータをもつ積分変換である．

2.2.2 ウェーブレットと連続ウェーブレット変換

ウェーブレット変換では，まず元になる関数 $\psi(x)$ を用意して，それを用いて信号や関数の解析を行う．この $\psi(x)$ のことを**アナライジングウェーブレット** (analyzing wavelet, 解析のためのウェーブレット)[3] とよぶ．アナライジングウェーブレットはフーリエ変換の場合の三角関数に対応するもので，ウェーブレット変換を定める上で最も重要な関数である．アナライジングウェーブレットは比較的自由に選べるので，三角関数だけを考えていたフーリエ解析に比べて格段の自由度が得られる．自分が用いるアナライジングウェーブレットが決まれば，次はこれを伸縮および平行移動することで一群の相似な形をもつ関数系を作る．

アナライジングウェーブレットを拡大あるいは縮小し，さらに平行移動させた関数

$$\psi^{(a,b)}(x) = \frac{1}{\sqrt{|a|}} \psi\left(\frac{x-b}{a}\right), \qquad a(\neq 0),\ b \in \mathbb{R} \tag{2.12}$$

を**ウェーブレット** (wavelet) とよぶ（図 2.3）．

ここでは a, b が連続なパラメータであることに注意しよう．

$a(\neq 0)$ は横方向の伸縮のパラメータである．a が大きくなると $\psi^{(a,b)}(x)$ は横方向に伸びた関数となる．a が負のとき $\psi^{(a,b)}(x)$ は $\psi(x)$ の左右を逆転し横方向に伸縮した関数となる．一方 b は位置のパラメータである．アナライジングウェーブレット $\psi(x)$ が 0 付近で大きくなる関数のときは，$\psi^{(a,b)}(x)$ は $x = b$ 付近で大きくなる関数となる．因子 $1/\sqrt{|a|}$ は関数の大きさを調整するもので，$\psi^{(a,b)}$ の L^2 ノルムが常に一定 ($\|\psi^{(a,b)}\| = \|\psi\|$) になるよう導入されている．ウェーブレットはすべて同じアナライジングウェーブレットを伸縮して得られるため，互いに相似な関数形をもっている[4]．

$\psi((x-b)/a)$ と $\psi(x)$ をフーリエ変換の場合の $e^{-i\omega x}$ と e^{-ix} に比較して

---

[3] マザーウェーブレット (mother wavelet) ともよばれていたが，徐々に使われなくなっている．

[4] 正確にいえば「x 方向の伸縮と平行移動，および大きさの調整によって互いに一致する」．

2.2 連続ウェーブレット変換の定義

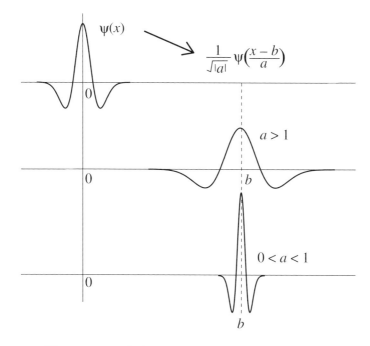

図 2.3 アナライジングウェーブレットとウェーブレット

みると，ウェーブレットの $1/a$ が ω すなわち周波数に対応していることがわかる．なお b に対応するものはフーリエ変換には存在しない．

もともとウェーブレットとは英語でさざ波のことである．フーリエ解析は三角関数で表される大きな（どこまでも続く）波をもとにしているが，ウェーブレット解析はたくさんの小さな（長くは続かない）波 (2.12) をもとにするため，この名がついている．

ウェーブレットをフーリエ変換のときの $e^{i\omega x}$ のように用いる積分変換が連続ウェーブレット変換である．

L^2 の関数 $f(x)$ の**連続ウェーブレット変換** (continuous wavelet transform) とはウェーブレット $\psi^{(a,b)}(x)$ を用いた次の積分変換をいう.

$$W_\psi f(a,b) = \int_{-\infty}^{\infty} \overline{\psi^{(a,b)}(x)} f(x)\, dx = \langle \psi^{(a,b)}, f \rangle. \tag{2.13}$$

ここで $\overline{\psi^{(a,b)}(x)}$ は $\psi^{(a,b)}(x)$ の複素共役である.

$W_\psi f(a,b)$ は (a,b) の有界連続関数である[5]).

まとめ 2.2

ウェーブレット:

$$\psi^{(a,b)}(x) = \frac{1}{\sqrt{|a|}} \psi\left(\frac{x-b}{a}\right), \qquad a(\neq 0),\ b \in \mathbb{R}. \tag{2.12}$$

連続ウェーブレット変換:

$$W_\psi f(a,b) = \int_{-\infty}^{\infty} \overline{\psi^{(a,b)}(x)} f(x)\, dx = \langle \psi^{(a,b)}, f \rangle. \tag{2.13}$$

2.3 逆変換公式

連続ウェーブレット変換は 1 変数関数 $f(x)$ を 2 変数関数 $W_\psi f(a,b)$ に写像する変換である.この逆変換はどのようにして得られるだろうか.フーリエ変換 $\hat{f}(\omega)$ から元の関数 $f(x)$ を得るには $e^{i\omega x}$ を掛けて周波数 ω について積分すればよかった.連続ウェーブレット変換の場合は「周波数」$1/a$ の他にも位置のパラメータ b が含まれているので,$W_\psi f(a,b)$ にウェーブレット $\psi^{(a,b)}(x)$ を掛け,周波数 $1/a$ と位置 b について積分すればどうだろうか.つまり

---

[5]) 連続性の証明は少し複雑なのでここでは省略する.

$$\int_{-\infty}^{\infty}\int_{-\infty}^{\infty} \psi^{(a,b)}(x) W_\psi f(a,b) \, d\left(\frac{1}{a}\right) db$$
$$= \int_{-\infty}^{\infty}\int_{-\infty}^{\infty} \psi^{(a,b)}(x) W_\psi f(a,b) \, \frac{dadb}{a^2} \tag{2.14}$$

を考えてはどうだろうか．驚くべきことに，以下述べるようにこれは基本的に正しいアイデアである．ただし無条件に正しいわけではない．実はこの式が正しく逆変換を与えるためには，アナライジングウェーブレットについてある条件が必要となる．この条件は**許容条件** (admissibility condition) とよばれる．

2.3.1 アナライジングウェーブレットと許容条件

連続ウェーブレット変換が逆変換をもつことを保証するために，アナライジングウェーブレット $\psi(x)$ に次の条件を要求する．

許容条件

関数 $\psi(x) \in L^2(\mathbb{R})$ として，そのフーリエ変換 $\hat{\psi}(\omega)$ についての積分

$$C_\psi = \int_{-\infty}^{\infty} \frac{|\hat{\psi}(\omega)|^2}{|\omega|} d\omega \tag{2.15}$$

が有限値となる．

この許容条件はやや複雑な形をしているため，与えられた $\psi(x)$ が許容条件を満たしているかどうかがわかりにくい．そこで ψ が許容条件を満たすためのわかりやすい十分条件を述べておこう．

$\psi(x)$ が $L^2(\mathbb{R})$ に属し，ある正数 ϵ に対し

$$\int_{-\infty}^{\infty} (1+|x|)^\epsilon |\psi(x)| \, dx < \infty, \quad \int_{-\infty}^{\infty} \psi(x) \, dx = 0, \tag{2.16}$$

であれば，許容条件を満たす．

ここでは ϵ としては，一つこのような値があればよい．この条件の意味は，$\psi(x)$ が遠方で $1/|x|$ より少し速く 0 になっているときは，$\psi(x)$ の $\mathbb{R}$ 全体

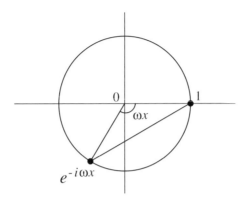

図 2.4 不等式 $|e^{-i\omega x} - 1| \leq \min(|\omega x|, 2)$ の成立. $|\omega x|$ は $e^{-i\omega x}$ と 1 を結ぶ円弧の長さであることに注意.

での積分が 0 であれば許容条件を満たす，ということである．もし $\psi(x)$ のサポートが有界であるときは，$\mathbb{R}$ 上の積分が 0 になっていれば十分である．

証明 まず任意の実数 ω に対して

$$|e^{-i\omega x} - 1| \leq \min(|\omega x|, 2) \tag{2.17}$$

であることに注意する．この不等式は複素平面の図 2.4 を見れば明らかだろう．$|\omega x| \leq 1$ のときは $|\omega x| \leq 2|\omega x|^{\min(\epsilon,1)}$ であり，$|\omega x| > 1$ のときは $2 \leq 2|\omega x|^{\min(\epsilon,1)}$ であるので，(2.17) から

$$|e^{-i\omega x} - 1| \leq 2|\omega x|^\beta, \quad (\beta = \min(\epsilon, 1)) \tag{2.18}$$

を得る．そこで

$$|\hat{\psi}(\omega)| = \left| \int_{-\infty}^{\infty} \left(e^{-i\omega x} - 1 \right) \psi(x)\, dx \right| \tag{2.19}$$

$$\leq 2|\omega|^\beta \int_{-\infty}^{\infty} |x|^\beta |\psi(x)|\, dx \tag{2.20}$$

$$\leq 2|\omega|^\beta \int_{-\infty}^{\infty} (1 + |x|)^\epsilon |\psi(x)|\, dx = 2C|\omega|^\beta \tag{2.21}$$

であるので（積分値を C とおいた）．

2.3 逆変換公式

$$C_\psi \leq (2C)^2 \int_{|\omega|\leq 1} |\omega|^{2\beta-1}\,d\omega + \int_{|\omega|\geq 1} \left|\hat{\psi}(\omega)\right|^2\,d\omega < \infty \qquad (2.22)$$

となる. ∎

2.3.2 許容条件を満たすアナライジングウェーブレットの例

許容条件を満たす最も簡単なアナライジングウェーブレットは次の不連続関数である (図 2.5).

$$\psi(x) = \begin{cases} 1 & \left(|x| < \frac{1}{2}\right) \\ -\frac{1}{2} & \left(\frac{1}{2} \leq |x| < \frac{3}{2}\right) \\ 0 & \left(\frac{3}{2} \leq |x|\right) \end{cases} \qquad (2.23)$$

これは関数の形からフレンチハット (French hat) とよばれる. 縦軸に関して対称な関数で, サポートは有界, 全区間での積分は 0 であるので, 許容条件を満たす.

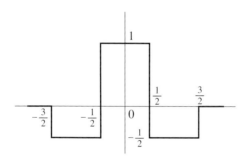

図 2.5 フレンチハット関数

なめらかなアナライジングウェーブレットとしては次の二つがよく用いられる. 一つ目は

$$\psi(x) = -\frac{d^2}{dx^2} e^{-x^2/2} = (1-x^2)e^{-x^2/2} \qquad (2.24)$$

である. 遠方で十分速く減衰し, 全区間での積分は 0 となるので許容条件を満たす. これはその関数の形 (図 2.6) からメキシカンハット (Mexican hat) とよばれる.

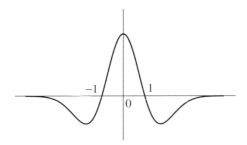

図 2.6 メキシカンハット関数

二つ目は複素関数で,実部と虚部はそれぞれ三角関数にガウス型の窓をつけたものである.このような関数の例はガボール (Gabor) 関数

$$\psi(x) = e^{iqx}e^{-x^2/2}, \quad (q \text{ は定数}) \tag{2.25}$$

であるがこのままでは

$$\int_{-\infty}^{\infty} e^{iqx}e^{-x^2/2}\,dx = \sqrt{2\pi}e^{-q^2/2} \neq 0 \tag{2.26}$$

となり許容条件を満たさない.そこで許容条件を満たすためにはガウス関数を引いておけばよい.このようなアイデアで作られた関数

$$\psi(x) = e^{iqx}e^{-Ax^2/2} - e^{-q^2/(2A)}e^{-Ax^2/2}, \quad (A(>0), q \text{ は定数}) \tag{2.27}$$

はモルレ (Morlet) ウェーブレットとよばれる.なお (2.25) は厳密にいえば許容条件を満たさないが,たとえば $q = 5$ のとき,積分 (2.26) は 10^{-5} のオーダーなので許容条件を「ほとんど満たしている」ともいえる.そのため (2.25) のままで連続ウェーブレット変換のアナライジングウェーブレットとして用いて,ガボールウェーブレットとよばれることもある[6].

---

[6] ただし,ややこしいことにガボールウェーブレットとモルレウェーブレットの名称はしばしば混乱気味に用いられるので,実際に使う際にはアナライジングウェーブレットの形を確認する必要がある.なお,§4.1 で述べる Mathematica におけるモルレウェーブレットは (2.27) とは異なるので,この点も注意がいる.

2.3.3 逆変換公式

許容条件を満たすアナライジングウェーブレットを使った連続ウェーブレット変換は次のように逆変換が可能である．

$\psi(x)$ が許容条件を満たすとき，連続ウェーブレット変換 (2.13) に対して次の逆変換公式が成り立つ．

$$f(x) = \frac{1}{C_\psi} \int_{-\infty}^{\infty} \int_{-\infty}^{\infty} \psi^{(a,b)}(x) W_\psi f(a,b) \frac{dadb}{a^2}. \quad (2.28)$$

連続ウェーブレットの理論では，アナライジングウェーブレットが許容条件を満たすと仮定することが多い．本書でも今後は，**アナライジングウェーブレットは許容条件を満たしている**ものとする．

逆変換公式を証明するためにいくつかの公式を準備する．まずウェーブレットのフーリエ変換を求めよう．

$$\widehat{\psi^{(a,b)}}(\omega) = \int_{-\infty}^{\infty} e^{-i\omega x} \psi^{(a,b)}(x)\, dx = \sqrt{|a|}\, e^{-i\omega b} \hat{\psi}(a\omega). \quad (2.29)$$

これを示すには次のようにすればよい．

$$\widehat{\psi^{(a,b)}}(\omega) = \int_{-\infty}^{\infty} e^{-i\omega x} \frac{1}{\sqrt{|a|}} \psi\left(\frac{x-b}{a}\right) dx \quad (2.30)$$

$$= \frac{1}{\sqrt{|a|}} e^{-i\omega b} \int_{-\infty}^{\infty} e^{-i\omega x'} \psi\left(\frac{x'}{a}\right) dx' \quad (2.31)$$

$$= \frac{1}{\sqrt{|a|}} |a| e^{-i\omega b} \int_{-\infty}^{\infty} e^{-i\omega a x''} \psi(x'')\, dx'' \quad (2.32)$$

$$= \sqrt{|a|}\, e^{-i\omega b} \hat{\psi}(a\omega). \quad (2.33)$$

ここで $\psi^{(a,b)}(x)$ の b に関するフーリエ変換を求めておく．$\psi^{(a,b)}(x) = \psi^{(a,-x)}(-b)$ であるから上の公式より

$$\int_{-\infty}^{\infty} e^{-i\omega b} \psi^{(a,b)}(x)\, db = \int_{-\infty}^{\infty} e^{-i\omega b} \psi^{(a,-x)}(-b)\, db \quad (2.34)$$

$$= \sqrt{|a|}e^{-i\omega x}\hat{\psi}(-a\omega) \tag{2.35}$$

となる.

次の等式はフーリエ変換における重要な関係である.

$$\frac{1}{2\pi}\int_{-\infty}^{\infty}\overline{e^{i\omega x'}}e^{i\omega x}\,d\omega = \delta(x'-x). \tag{2.36}$$

これに対応する関係が連続ウェーブレット変換でも成り立つ.

$$\frac{1}{C_\psi}\int_{-\infty}^{\infty}\int_{-\infty}^{\infty}\overline{\psi^{(a,b)}(x')}\psi^{(a,b)}(x)\frac{dadb}{a^2} = \delta(x'-x). \tag{2.37}$$

これを示すには次の変数 b に関するパーセヴァルの等式に注目する.

$$\int_{-\infty}^{\infty}\overline{\psi^{(a,b)}(x')}\psi^{(a,b)}(x)\,db \tag{2.38}$$

$$= \frac{1}{2\pi}\int_{-\infty}^{\infty}\overline{\left\{\sqrt{|a|}e^{-i\omega x'}\hat{\psi}(-a\omega)\right\}}\left\{\sqrt{|a|}e^{-i\omega x}\hat{\psi}(-a\omega)\right\}\,d\omega \tag{2.39}$$

$$= \frac{|a|}{2\pi}\int_{-\infty}^{\infty}e^{i\omega(x'-x)}\left|\hat{\psi}(-a\omega)\right|^2\,d\omega. \tag{2.40}$$

この関係を用いると (2.37) が次のように得られる.

$$\int_{-\infty}^{\infty}\int_{-\infty}^{\infty}\overline{\psi^{(a,b)}(x')}\psi^{(a,b)}(x)\frac{dadb}{a^2} \tag{2.41}$$

$$= \int_{-\infty}^{\infty}\left(\frac{|a|}{2\pi}\int_{-\infty}^{\infty}d\omega\,e^{i\omega(x'-x)}\left|\hat{\psi}(-a\omega)\right|^2\right)\frac{da}{a^2} \tag{2.42}$$

$$= \frac{1}{2\pi}\int_{-\infty}^{\infty}e^{i\omega(x'-x)}\left(\int_{-\infty}^{\infty}\left|\hat{\psi}(-a\omega)\right|^2\frac{da}{|a|}\right)d\omega \tag{2.43}$$

$$= \frac{1}{2\pi}\int_{-\infty}^{\infty}e^{i\omega(x'-x)}\left(\int_{-\infty}^{\infty}\left|\hat{\psi}(a')\right|^2\frac{da'}{|a'|}\right)d\omega \tag{2.44}$$

$$= C_\psi\frac{1}{2\pi}\int_{-\infty}^{\infty}e^{i\omega(x'-x)}\,d\omega = C_\psi\delta(x'-x). \tag{2.45}$$

これを用いて逆変換公式 (2.28) を証明する.

$$\int_{-\infty}^{\infty}\int_{-\infty}^{\infty}\psi^{(a,b)}(x)W_\psi f(a,b)\frac{dadb}{a^2} \tag{2.46}$$

2.3 逆変換公式

$$= \int_{-\infty}^{\infty} \int_{-\infty}^{\infty} \psi^{(a,b)}(x) \left(\int_{-\infty}^{\infty} \overline{\psi^{(a,b)}(x')} f(x') \, dx' \right) \frac{da\,db}{a^2} \tag{2.47}$$

$$= \int_{-\infty}^{\infty} \left(\int_{-\infty}^{\infty} \int_{-\infty}^{\infty} \overline{\psi^{(a,b)}(x')} \psi^{(a,b)}(x) \frac{da\,db}{a^2} \right) f(x') \, dx' \tag{2.48}$$

$$= C_\psi \int_{-\infty}^{\infty} \delta(x' - x) f(x') \, dx' = C_\psi f(x). \tag{2.49}$$

このように連続ウェーブレット変換には逆変換が存在する．ここで C_ψ の値が有限であることは本質的に重要であることに注意しよう．なぜならこれが発散していると式 (2.44) が発散することになり，上の計算が無意味になるからである．

2.3.4　$a > 0$ のみを用いる公式

連続ウェーブレット変換ではパラメータ a は正負の値をとるが，これを正の値だけに限定して考えることも可能である．

もしアナライジングウェーブレット $\psi(x)$ が許容条件よりも少し強い条件

$$\frac{C_\psi}{2} = \int_0^\infty \frac{|\hat{\psi}(\omega)|^2}{|\omega|} \, d\omega = \int_{-\infty}^0 \frac{|\hat{\psi}(\omega)|^2}{|\omega|} \, d\omega < \infty \tag{2.50}$$

を満たすなら，正の a に対する $W_\psi f(a,b)$ だけを用いて逆変換することができる．

$$f(x) = \frac{2}{C_\psi} \int_0^\infty \left(\int_{-\infty}^{\infty} W_\psi f(a,b) \psi^{(a,b)}(x) \, db \right) \frac{da}{a^2}. \tag{2.51}$$

なぜならこの場合には (2.37) に代わる条件

$$\frac{2}{C_\psi} \int_0^\infty \left(\int_{-\infty}^{\infty} \overline{\psi^{(a,b)}(x')} \psi^{(a,b)}(x) \, db \right) \frac{da}{a^2} = \delta(x' - x) \tag{2.52}$$

が成立するからである．証明は (2.37) と同様である．アナライジングウェーブレット $\psi(x)$ が実数値関数であれば $\hat{\psi}(-\omega) = \overline{\hat{\psi}(\omega)}$ となるので，条件 (2.50) は自動的に成り立つことに注意しよう．実のアナライジングウェーブレットに対しては a の正の値だけを調べればよいのである．

> **まとめ 2.3**
>
> アナライジングウェーブレットの許容条件：
>
> $$C_\psi = \int_{-\infty}^{\infty} \frac{|\hat{\psi}(\omega)|^2}{|\omega|}\, d\omega < \infty. \tag{2.15}$$
>
> 遠方で速く減衰する関数であれば次の条件を満たせばよい．
>
> $$\int_{-\infty}^{\infty} \psi(x)\, dx = 0. \tag{2.16}$$
>
> 逆ウェーブレット変換：
>
> $$f(x) = \frac{1}{C_\psi} \int_{-\infty}^{\infty} \int_{-\infty}^{\infty} \psi^{(a,b)}(x) W_\psi f(a,b) \frac{dadb}{a^2}. \tag{2.28}$$
>
> アナライジングウェーブレット $\psi(x)$ が実関数のときはパラメータ a は正の値だけを考えればよく，
>
> $$f(x) = \frac{2}{C_\psi} \int_0^{\infty} \left(\int_{-\infty}^{\infty} W_\psi f(a,b) \psi^{(a,b)}(x)\, db \right) \frac{da}{a^2}. \tag{2.51}$$

2.4 エネルギー等式

フーリエ変換におけるパーセヴァルの等式

$$\int_{-\infty}^{\infty} |f(x)|^2\, dx = \frac{1}{2\pi} \int_{-\infty}^{\infty} |\hat{f}(\omega)|^2\, d\omega \tag{2.53}$$

は，左辺の「エネルギー」が右辺のさまざまの周波数の成分のエネルギーの和であることを示している．同様に連続ウェーブレット変換においても次のエネルギー等式が成り立つ．

2.5 連続ウェーブレット変換の意味と注意

$$\int_{-\infty}^{\infty} |f(x)|^2\, dx = \frac{1}{C_\psi} \int_{-\infty}^{\infty} \int_{-\infty}^{\infty} |W_\psi f(a,b)|^2 \frac{dadb}{a^2}. \quad (2.54)$$

なぜなら右辺を (2.37) を用いて変形すると

$$\int_{-\infty}^{\infty} \int_{-\infty}^{\infty} |W_\psi f(a,b)|^2 \frac{dadb}{a^2} \quad (2.55)$$

$$= \int_{-\infty}^{\infty} \int_{-\infty}^{\infty} \overline{\left(\int_{-\infty}^{\infty} \overline{\psi^{(a,b)}(x)} f(x)\, dx\right)}$$

$$\times \left(\int_{-\infty}^{\infty} \overline{\psi^{(a,b)}(x')} f(x')\, dx'\right) \frac{dadb}{a^2} \quad (2.56)$$

$$= \int_{-\infty}^{\infty} \int_{-\infty}^{\infty} \overline{f(x)} f(x')$$

$$\times \left(\int_{-\infty}^{\infty} \int_{-\infty}^{\infty} \overline{\psi^{(a,b)}(x')} \psi^{(a,b)}(x) \frac{dadb}{a^2}\right) dx'\, dx \quad (2.57)$$

$$= C_\psi \int_{-\infty}^{\infty} \int_{-\infty}^{\infty} \overline{f(x)} f(x') \delta(x' - x)\, dx'\, dx \quad (2.58)$$

$$= C_\psi \int_{-\infty}^{\infty} |f(x)|^2\, dx \quad (2.59)$$

となるからである．この式は $\frac{1}{C_\psi}|W_\psi f(a,b)|^2$ が周波数 $1/a$，位置 b におけるエネルギー密度であることを示している．

まとめ 2.4

エネルギー等式：

$$\int_{-\infty}^{\infty} |f(x)|^2\, dx = \frac{1}{C_\psi} \int_{-\infty}^{\infty} \int_{-\infty}^{\infty} |W_\psi f(a,b)|^2 \frac{dadb}{a^2}.$$

2.5 連続ウェーブレット変換の意味と注意

$f(x)$ の連続ウェーブレット変換 $W_\psi f(a,b)$ の意味について考えよう．先に注意したように $1/a$ は周波数，b は位置に対応する．そこで逆変換公式 (2.28)

の形から，$W_\psi f(a,b)\psi^{(a,b)}(x)$ は「位置 b における周波数 $1/a$ の成分」に対応すると解釈することも自然に思われる．エネルギー等式 (2.54) もこの解釈と整合的である．実際，連続ウェーブレット解析の応用では $W_\psi f(a,b)$ はしばしばこのように解釈されて用いられる．

しかしこの解釈には注意すべき点が二つある．

一つは不確定性関係である．§1.3.3 で注意したように，位置と周波数の両方とも誤差 0 で確定した値をもつ状態は存在しない．そのため $W_\psi f(a,b)\psi^{(a,b)}(x)$ は，正確にいえば，「位置 b における周波数 $1/a$ の成分」ではなく少なくとも「位置 b 付近における周波数 $1/a$ 付近の成分」とすべきであるが，a,b がすこしずれていてもやはり「位置 b 付近における周波数 $1/a$ 付近の成分」を与えるため，正確にいえば**「位置 b 付近における周波数 $1/a$ 付近の成分の（代表的な部分であることが多いが）一部」**である．このとき「付近」というのがどの程度の拡がりをもつかは，$\psi^{(a,b)}(x)$ が時間方向と周波数方向にもつ拡がりに依存している．連続ウェーブレット変換の応用においてしばしば用いられる「位置 b における周波数 $1/a$ の成分」という言い方は，このような背景をもっていることに注意しよう．

二つ目は成分同士の従属性である．フーリエ変換では正規直交関係 (1.68) から逆変換 (1.70) を関数の正規直交展開と解釈することが可能である．このとき成分 $\hat{f}(\omega)e^{i\omega x}$ は ω が異なれば独立で，$\hat{f}(\omega)$ には任意の値を与えることが可能である．しかしこのことはウェーブレット変換では成り立たない．これを見るためには $f(x)$ のウェーブレット変換

$$W_\psi f(a,b) = \int_{-\infty}^{\infty} \overline{\psi^{(a,b)}(x)} f(x)\, dx \tag{2.60}$$

に逆ウェーブレット変換

$$f(x) = \frac{1}{C_\psi} \int_{-\infty}^{\infty} \int_{-\infty}^{\infty} W_\psi f(a',b') \psi^{(a',b')}(x) \frac{da'db'}{a'^2} \tag{2.61}$$

を代入して得られる式

$$W_\psi f(a,b) = \frac{1}{C_\psi} \int_{-\infty}^{\infty} \int_{-\infty}^{\infty} K(a,b;a',b') W_\psi f(a',b') \frac{da'db'}{a'^2} \tag{2.62}$$

2.5 連続ウェーブレット変換の意味と注意

に注意すればよい．ここで

$$K(a,b;a',b') = \int_{-\infty}^{\infty} \overline{\psi^{(a,b)}(x)} \psi^{(a',b')}(x)\,dx \tag{2.63}$$

とおいた．$K(a,b;a',b')$ は (a,b,a',b') の有界連続関数となる[7]．式 (2.62) は $W_\psi f(a,b)$ が一定の重み $(1/C_\psi)K(a,b;a',b')$ で他の $W_\psi f(a',b')$ を重ね合わせることによって得られること[8]，すなわち**連続ウェーブレット変換 $W_\psi f(a,b)$ は a,b の任意関数ではなく関数関係 (2.62) を満たす関数でなければならない**ことを示している．

このことは $f(x)$ の性質を連続ウェーブレット変換を用いて調べるときに微妙な問題を引き起こす．フーリエ変換 $\hat{f}(\omega)$ のもつ性質はすべて $f(x)$ の性質の反映と言い切ることができる．しかし連続ウェーブレット変換の場合，どのような $f(x)$ に対しても上の関数関係 (2.62) が成り立たなければならない．したがって $W_\psi f(a,b)$ の性質のなかには，$f(x)$ の性質ではなく単に連続ウェーブレット変換であることから来る性質も含まれることに注意が必要である．

なぜこのようなことが起こるのだろうか．$K(a,b;a',b')$ はウェーブレット同士の内積であることに注意しよう．フーリエ変換のときは複素指数関数同士の内積は (1.68) のように $\omega \neq \omega'$ であれば 0 となった．しかしウェーブレット同士の内積はそうはならない．実際 a',b' を a,b に近づけると内積 $K(a,b;a',b')$ は

$$\lim_{\substack{a' \to a \\ b' \to b}} K(a,b;a',b') = \lim_{\substack{a' \to a \\ b' \to b}} \int_{-\infty}^{\infty} \overline{\psi^{(a,b)}(x)} \psi^{(a',b')}(x)\,dx \tag{2.64}$$

$$= \|\psi^{(a,b)}\|^2 = \|\psi\|^2 \neq 0 \tag{2.65}$$

のように 0 でない値に近づく．したがって少なくとも a',b' が a,b に近い値のときは，$K(a,b;a',b')$ は 0 ではなく，ウェーブレット同士が直交しないことがわかる．さらにウェーブレット自身のウェーブレット変換およびその逆

---

[7] 連続性は $W_\psi f(a,b)$ の連続性と同様に証明できるが，省略する．
[8] もちろんこの重みは $da\,db/a^2$ で積分することを前提としている．

変換を考えると

$$W_\psi \psi^{(a,b)}(a',b') = \int_{-\infty}^{\infty} \overline{\psi^{(a',b')}(x)} \psi^{(a,b)}(x)\, dx \tag{2.66}$$

$$= \overline{K(a,b;a',b')} = K(a',b';a,b) \tag{2.67}$$

$$\psi^{(a,b)}(x) = \frac{1}{C_\psi} \int_{-\infty}^{\infty} \int_{-\infty}^{\infty} W_\psi \psi^{(a,b)}(a',b') \psi^{(a',b')}(x) \frac{da'db'}{a'^2} \tag{2.68}$$

$$= \frac{1}{C_\psi} \int_{-\infty}^{\infty} \int_{-\infty}^{\infty} \overline{K(a,b;a',b')} \psi^{(a',b')}(x) \frac{da'db'}{a'^2} \tag{2.69}$$

となって,ウェーブレット $\psi^{(a,b)}(x)$ が他のウェーブレット $\psi^{(a',b')}(x)$ の重ね合わせで書けることがわかる[9]. すなわち**連続ウェーブレット変換ではウェーブレット同士は,直交しないだけでなく,独立ですらない**のである. これがフーリエ変換の場合との最も大きな違いである.

まとめ 2.5

$W_\psi f(a,b) \psi^{(a,b)}(x)$ は,正確にいえば「位置 b 付近における周波数 $1/a$ 付近の成分の(代表的な部分であることが多いが)一部」である. このとき「付近」がどの程度の拡がりをもつかは,$\psi^{(a,b)}(x)$ が時間方向と周波数方向にもつ拡がりに依存する. またウェーブレット $\psi^{(a,b)}(x)$ は互いに独立ではなく従属関係にある. そのため,通常の直交関数展開やフーリエ展開とは異なり,ウェーブレット変換 $W_\psi f(a,b)$ は $f(x)$ によらず常に同じ関係式 (2.62) を満たす.

2.6 連続ウェーブレット変換と関数の特異性

連続ウェーブレット変換の利点は,フーリエ変換と異なり,位置の情報が明確な形で得られることである. その典型的な例がデータの特異点の検出である. フーリエ解析では §1.4.3 で述べたように関数のなめらかさとフーリエ係数の減衰の間に密接な関係がある. しかしフーリエ係数からは,特異点が

---

[9] このときの重みは $(1/C_\psi)\overline{K(a,b;a',b')} = (1/C_\psi)K(a',b';a,b)$ であることに注意しよう.

2.6 連続ウェーブレット変換と関数の特異性

どの位置にあるのかを特定することは一般に非常に難しい.これに対して連続ウェーブレット変換では特異点の位置検出が容易になる.

2.6.1 関数の特異性の検出

まず関数の特異点の強さを特徴づける概念を導入しよう.特異性とは関数がなめらかでないこと,すなわち近接した二点で関数値が大きく変化していることである.関数 $f(x)$ が $x = x_0$ で微分可能な場合は,近接した二点の関数値には

$$f(x_0 + s) - f(x_0) \sim f'(x_0)s, \tag{2.70}$$

すなわち $O(s)$ の程度の差がある.微分可能でないときは $O(s)$ よりも大きな差となる.そこで,この差が $O(s^\alpha)$ の程度,つまり

$$|f(x_0 + s) - f(x_0)| \sim C|s|^\alpha, \quad (C \text{ は定数}) \tag{2.71}$$

となるとしよう.α が小さいほど,なめらかさが減り特異性の程度が上がる.このように α は特異性の強さを特徴づける量である.微分可能でない場合を考えて $0 < \alpha < 1$ としよう.

このような α をフーリエ変換を使って見つけることは難しい.特に異なる α をもつ複数の特異点が存在する場合には,それらを区別して見出すことはフーリエ変換では非常に難しい.しかしウェーブレット変換ではそれが可能になる.α の値を $W_\psi f(a, b)$ を使って見つけ出してみよう.そのためにアナライジングウェーブレットとして,単に許容条件を満たすだけでなく (2.16) において特に $\epsilon = 1$ とおいた条件,すなわち

$$\int_{-\infty}^{\infty} (1 + |x|)|\psi(x)|\, dx < \infty, \quad \int_{-\infty}^{\infty} \psi(x)\, dx = 0 \tag{2.72}$$

を満たすものを選んでおく.

そこで $b = x_0$ とおくと

$$|W_\psi f(a, x_0)| = \left| \int_{-\infty}^{\infty} \overline{\psi^{(a, x_0)}(x)} f(x)\, dx \right| \tag{2.73}$$

$$= \frac{1}{\sqrt{|a|}} \left| \int_{-\infty}^{\infty} \overline{\psi\left(\frac{x-x_0}{a}\right)} (f(x) - f(x_0)) \, dx \right| \quad (2.74)$$

$$\sim \sqrt{|a|} \int_{-\infty}^{\infty} |\psi(y)| \, |(f(ay+x_0) - f(x_0)| \, dy \quad (2.75)$$

$$\sim \sqrt{|a|} \int_{-\infty}^{\infty} |\psi(y)| C|ay|^\alpha \, dy \quad (2.76)$$

$$= |a|^{\alpha+1/2} C \int_{-\infty}^{\infty} |\psi(y)| |y|^\alpha \, dy \quad (2.77)$$

$$= 定数 \times |a|^{\alpha+1/2} \quad (2.78)$$

となる[10]．これは a が 0 に近づくとき[11] $W_\psi f(a, x_0)$ は $|a|^{\alpha+1/2}$ 程度の速さで 0 になることを示している．つまり $|a|$ の小さなところで $W_\psi f(a, x_0)$ の a に対する依存性を見れば[12] α の値がわかるわけである．

図 2.7 は不連続性のある関数 $f(x)$ の $|W_\psi f(a, b)|$ を描いた図（スケーログラム，§4.1.2 参照）である．特異点 $x = 0$ では $a \to 0$ において $|W_\psi f(a, b)|$ の値の減衰が遅いことが見てとれる．$x = \pm 1$ でもやはり減衰が遅いように見える．これについては次項で調べよう．

2.6.2 導関数の特異性の検出

もっと微妙な特異性を考えてみよう．たとえば $f(x)$ は n 回微分可能だが n 階導関数 $f^{(n)}(x)$ には

$$|f^{(n)}(x_0 + s) - f^{(n)}(x_0)| \sim C|s|^\alpha, \quad (0 < \alpha < 1, C は正定数) \quad (2.79)$$

のように特異性があるという場合はどうすればよいだろうか．

そのときはもっと性能の良いアナライジングウェーブレットとして次の条件

---

[10] この計算には危ない部分がある．一般に (2.74) と (2.75) は等しくない．しかしこの二つの式は $|a|$ に対する依存性に関しては概ね等しいだろうという気持ちの計算である．いつも正確に成り立つわけではないが，「普通は」まあこんな感じになるだろうという意味に受け取ってほしい．この命題を数学的に正確に書くことはできるが，それはこの気持ちを面倒で長い証明によって正当化するだけなのでここでは立ち入らない．

[11] 周波数 $1/a$ は無限大となる場合に対応する．

[12] たとえば対数グラフ上で横軸に a，縦軸に $|W_\psi f(a, x_0)|$ をプロットすればその傾きから $\alpha + 1/2$ の値がわかる．

2.6 連続ウェーブレット変換と関数の特異性　　　53

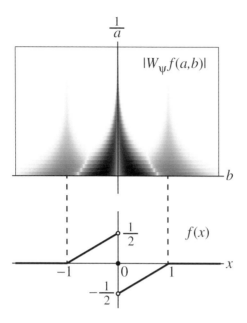

図 2.7　ウェーブレットによる関数の特異性検出

$$\begin{aligned}&\int_{-\infty}^{\infty}(1+|x|)^{n+1}|\psi(x)|\,dx<\infty,\\&\int_{-\infty}^{\infty}\psi(x)x^{m}\,dx=0\quad(m=0,1,2,\cdots,n)\end{aligned} \quad (2.80)$$

を満たすものを選べばよい．以下，記述の簡単のため $x_0 = 0$ とする．

$f(x)$ をテイラー展開すると

$$f(x) = f(0) + f'(0)x + \frac{1}{2!}f''(0)x^2 + \cdots + \frac{1}{n!}f^{(n)}(\theta x)x^n \quad (2.81)$$

である．ここで $0 < \theta < 1$ である．

この展開を用いると

$$|W_\psi f(a,0)| \quad (2.82)$$

$$= \left|\int_{-\infty}^{\infty} \overline{\psi^{(a,0)}(x)} f(x)\,dx\right| \quad (2.83)$$

$$= \left|\int_{-\infty}^{\infty} \overline{\psi^{(a,0)}(x)} \left(f(0) + f'(0)x + \cdots + \frac{1}{n!}f^{(n)}(\theta x)x^n\right)dx\right| \quad (2.84)$$

$$= \left| |a|^{1/2} \int_{-\infty}^{\infty} \overline{\psi(y)} \Big(f(0) + f'(0)(ay) + \cdots \right.$$
$$\left. + \frac{1}{n!} f^{(n)}(\theta(ay))(ay)^n \Big) dy \right| \tag{2.85}$$

$$= \left| |a|^{1/2} \int_{-\infty}^{\infty} \overline{\psi(y)} \frac{1}{n!} f^{(n)}(\theta(ay))(ay)^n \, dy \right| \tag{2.86}$$

$$= \left| |a|^{1/2} \int_{-\infty}^{\infty} \overline{\psi(y)} \frac{1}{n!} \left(f^{(n)}(\theta(ay)) - f^{(n)}(0) \right)(ay)^n \, dy \right| \tag{2.87}$$

$$\sim \left| C|a|^{1/2} \int_{-\infty}^{\infty} |\psi(y)| \frac{1}{n!} |ay|^{n+\alpha} \, dy \right| \tag{2.88}$$

$$\sim \frac{C|a|^{n+\alpha+1/2}}{n!} \int_{-\infty}^{\infty} |\psi(y)||y|^{n+\alpha} \, dy \tag{2.89}$$

となって

$$|W_\psi f(a,0)| \sim |a|^{n+\alpha+1/2} \tag{2.90}$$

であることがわかり α が求められる．

ここで重要なことは，アナライジングウェーブレットとして，遠方で十分速く減衰するということだけでなく，

$$\int_{-\infty}^{\infty} \psi(x) x^m \, dx = 0, \quad (m = 0, 1, 2, \cdots, n) \tag{2.91}$$

という条件を満たすものを選んでいることである．一般に $\int_{-\infty}^{\infty} \psi(x) x^m \, dx$ という量は $\psi(x)$ の m 次モーメント (moment) とよばれる．(2.91) は $\psi(x)$ のモーメントが消える[13]という条件（消失条件）であり，この条件を満たすアナライジングウェーブレットは良いウェーブレットであるといえる．

---

[13] 値が 0 になることを「消える (vanish)」と表現することがある．

2.6 連続ウェーブレット変換と関数の特異性

まとめ 2.6

アナライジングウェーブレット $\psi(x)$ が，遠方で速く減衰し

$$\int_{-\infty}^{\infty} \psi(x)\,dx = 0$$

を満たすときは，

$$f(x_0 + s) - f(x_0) \sim s^\alpha, \qquad (0 < \alpha < 1)$$

ならば

$$W_\psi f(a, x_0) \sim |a|^{\alpha + 1/2}$$

となるのでウェーブレット変換 $W_\psi f(a, x_0)$ から α の値を検出できる．また，$f(x)$ の高階微分に特異性がある場合についても，高次までのモーメントが消えるようなアナライジングウェーブレットを用いることにより特異性を検出することができる．

第3章
直交ウェーブレット

本章では，連続ウェーブレット変換の離散化を考え，もっとも扱いやすい場合である直交ウェーブレットについて基礎的なことを述べる．また，直交ウェーブレットに基づく離散ウェーブレット変換についても述べる．

3.1 直交ウェーブレット関数

3.1.1 連続ウェーブレット変換の離散化

$\psi(x)$ をアナライジングウェーブレット (analyzing wavelet) とする連続ウェーブレット変換は

$$
\begin{aligned}
(W_\psi f)(a,b) &= \left\langle \frac{1}{\sqrt{a}}\psi\Big(\frac{x-b}{a}\Big), f(x) \right\rangle \\
&= \frac{1}{\sqrt{a}} \int_{-\infty}^{\infty} \overline{\psi\Big(\frac{x-b}{a}\Big)} f(x)\, dx
\end{aligned} \tag{3.1}
$$

であった．ここでは簡単のため $a>0$ のみを考える．$(W_\psi f)(a,b)$ ($a>0$, $b\in\mathbb{R}$) は $f(x)$ の情報としては冗長である．すなわち $f(x)$ を復元するには，すべての a,b に対する $(W_\psi f)(a,b)$ の値を知っている必要はない．たとえば，$a_0>0$, $b_0>0$ を適切に選べば，a,b を $a = a_0^{-j}$, $b = kb_0 a_0^{-j}$ ($j,k\in\mathbb{Z}$) という値だけに限って，

$$
(W_\psi f)(a_0^{-j}, kb_0 a_0^{-j}) = \langle a_0^{j/2}\psi(a_0^j x - kb_0), f(x)\rangle, \quad j,k\in\mathbb{Z} \tag{3.2}
$$

の値だけから $f(x)$ が復元できる場合がある．特に $a_0=2$, $b_0=1$ と選び，

$$
\psi_{j,k}(x) = 2^{j/2}\psi(2^j x - k), \quad j,k\in\mathbb{Z} \tag{3.3}
$$

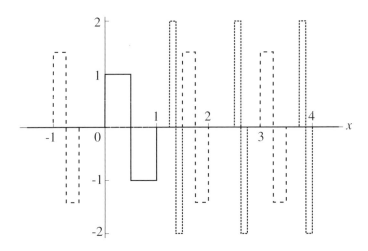

図 3.1 $\psi_{j,k}(x)$ の例. $j = 0$, $k = 0$ (実線); $j = 1$, $k = -2, 3, 6$ (破線); $j = 2$, $k = 5, 10, 15$ (点線)

とする[1]と, $(W_\psi f)(2^{-j}, k2^{-j}) = \langle \psi_{j,k}, f \rangle$ である. このときもし $\{\psi_{j,k}\}_{j,k\in\mathbb{Z}}$ が $L^2(\mathbb{R})$ の**正規直交基底**[2]になるとすると, 任意の関数 $f \in L^2(\mathbb{R})$ がこれらの関数で

$$f(x) = \sum_{j=-\infty}^{\infty} \sum_{k=-\infty}^{\infty} d_{j,k} \psi_{j,k}(x), \quad d_{j,k} = \langle \psi_{j,k}, f \rangle \qquad (3.4)$$

の形に**直交展開** (orthogonal expansion) できる[3]ことになり, 応用上もきわめて都合がよい. (図 3.1 は後述のハールウェーブレットに対する $\psi_{j,k}$.) たとえば, 直交展開であれば $f(x)$ のエネルギー $\|f\|^2$ は自然に, 分解の各成分 $d_{j,k}\psi_{j,k}(x)$ のエネルギーの和として表される. すなわち

$$\|f\|^2 = \sum_{j,k\in\mathbb{Z}} \|d_{j,k}\psi_{j,k}\|^2 = \sum_{j,k\in\mathbb{Z}} |d_{j,k}|^2 \qquad (3.5)$$

が成り立つことになる.

---

[1] [4], [8] などのように $\psi_{j,k}(x) = 2^{-j/2}\psi(2^{-j}x - k)$ とする流儀もあるので, 他の本などを読むときには注意がいる.

[2] §1.1.3 では 1 列に並べられる $\{e_j\}_j$ について述べてある. ここでは (j, k) を添字にもつ 2 重列なので, 正規直交性を表す (1.21) にあたるのは, $\langle \psi_{j,k}, \psi_{l,m} \rangle = \delta_{j,l}\delta_{k,m}$ である.

[3] 直交展開なので展開係数が内積で簡単に求まることに注意.

ウェーブレットの作り方からわかるように，$\psi(x)$ が $x=0$ のまわりに分布しているとすると，$\psi_{j,k}(x)$ は $x=k2^{-j}$ のまわりに分布していて，波形は $\psi(x)$ を拡大・縮小したものである．また展開係数 $d_{j,k}$ は，$f(x)$ の中に $\psi_{j,k}(x)$ の成分がどれぐらいあるかを表しており，**レベル j の詳細係数** (detail coefficient) またはウェーブレット係数とよばれる．

3.1.2 直交ウェーブレット展開

(3.4) において

$$g_j(x) = \sum_{k=-\infty}^{\infty} d_{j,k}\,\psi_{j,k}(x), \quad d_{j,k} = \langle \psi_{j,k}, f \rangle, \tag{3.6}$$

$$f_j(x) = \sum_{j'<j} g_{j'}(x) \tag{3.7}$$

とおこう．$g_j(x)$ はレベル j の変動のみを表す部分であり，**レベル j の詳細** (detail) とよばれる．$d_{j,k}$ はレベル j の詳細係数とよばれるのであった．$f_j(x)$ はレベルが j より粗い変動を表す部分であり，**レベル j の近似** (approximation) とよばれる．$f(x) = \sum_{j=-\infty}^{\infty} g_j(x)$ であり，$f_j \to f\ (j \to \infty)$ となっているので，十分大きな j では $f_j(x)$ は $f(x)$ の良い近似になっていると考えられる．この $f_j(x)$ は次々と分解を繰り返すことで

$$f_j(x) = f_{j-1}(x) + g_{j-1}(x) \tag{3.8}$$

$$= f_{j-2}(x) + g_{j-2}(x) + g_{j-1}(x) \tag{3.9}$$

$$= \cdots$$

$$= f_{j_0}(x) + \sum_{j_0 \le j' < j} g_{j'}(x) \quad (j > j_0) \tag{3.10}$$

と表すことができる．この式は，詳細部分 $g_j(x)$ は隣り合うレベルの近似 $f_{j+1}(x)$ と $f_j(x)$ の「差分」であり，$f_j(x)$ が粗い近似 $f_{j_0}(x)$ に各 $j' = j_0, j_0+1, \ldots, j-1$ における詳細部分 $g_{j'}(x)$ を順々に足したものに等しいことを示している．

後で述べるスケーリング関数 $\varphi(x)$ を使うと，$f_j(x)$ は (3.6) と似た直交

展開

$$f_j(x) = \sum_{k=-\infty}^{\infty} c_{j,k}\, \varphi_{j,k}(x), \quad c_{j,k} = \langle \varphi_{j,k}, f \rangle \qquad (3.11)$$

も可能である[4]．このときの係数 $c_{j,k}$ はレベル j の**近似係数** (approximation coefficient)（または粗係数）とよばれる．

直交ウェーブレット $\{\psi_{j,k}\}_{j,k}$ による直交展開は，以下のようにまとめられる．（$j_0 \in \mathbb{Z}$ は任意にとって固定する．）

$$f(x) = \sum_{j=-\infty}^{\infty} \sum_{k=-\infty}^{\infty} d_{j,k} \psi_{j,k}(x) \qquad (3.12)$$

$$= \sum_{j=-\infty}^{\infty} g_j(x) = f_{j_0}(x) + \sum_{j=j_0}^{\infty} g_j(x), \qquad (3.13)$$

$$d_{j,k} = \langle \psi_{j,k}, f \rangle = \int_{-\infty}^{\infty} \overline{\psi_{j,k}(x)}\, f(x)\, dx = (W_\psi f)(2^{-j}, k2^{-j}). \qquad (3.14)$$

ここで「**レベル** (level)」という言葉について注意をしておこう．実際にウェーブレットが使われている場面では，「レベル」は二つの意味で使われることが多く，これらは増える向きが逆なので注意が必要である．

(3.3) における 2^j は連続ウェーブレット変換における $\dfrac{1}{a}$ にあたり，「解像度」とよばれることがある．j を「**解像度レベル** (resolution level)」または「**スケールレベル** (scale level)」とよび，前後関係でわかる場合は単に「レベル」とよぶ．本章での「レベル」はこの「解像度レベル」，「スケールレベル」の意味であり，レベルが大きくなると細かくなる．一方，分解回数を表す「**分解レベル**」の意味で「レベル」が使われることも多い．この場合はレベルが大きくなると粗くなる．第 4 章ではこの意味の「レベル」が出てくる．

---

[4] $\{\psi_{j,k}\}_{j,k}$ と違って正規直交性は各レベルごとにしか成り立たない．すなわち，$\langle \varphi_{j,k}, \varphi_{j,m} \rangle = \delta_{k,m}$ は成り立つが，$j \neq j'$ なら $\langle \varphi_{j,k}, \varphi_{j',m} \rangle = 0$ は成り立つとは限らない．

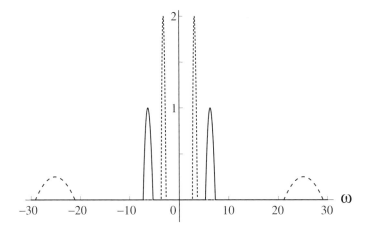

図 3.2 $\psi_{j,k}(x)$ のエネルギースペクトルの様子（概念図）．$j=0$（実線）；$j=2$（破線）；$j=-1$（点線）

3.1.3 直交ウェーブレット関数

$\{\psi_{j,k}(x)\}_{j,k}$ が $L^2(\mathbb{R})$ の正規直交基底になるような $\psi_{j,k}(x)$ を，**正規直交ウェーブレット** (orthonormal wavelet) または**直交ウェーブレット** (orthogonal wavelet) とよび，特に $\psi(x) = \psi_{0,0}(x)$ を**正規直交ウェーブレット関数** (orthonormal wavelet function) とよぶ．本書では以降，単に**ウェーブレット関数** (wavelet function) とよぶことにする．

注意 3.1 $\psi_{j,k}(x) = 2^{j/2}\psi(2^j x - k)$ のフーリエ変換は

$$\widehat{\psi_{j,k}}(\omega) = 2^{-j/2}\widehat{\psi}(2^{-j}\omega)e^{-i2^{-j}k\omega} \tag{3.15}$$

である．したがって，$\psi_{j,k}(x)$ のエネルギースペクトル

$$\frac{1}{2\pi}|\widehat{\psi_{j,k}}(\omega)|^2 = \frac{1}{2\pi}2^{-j}|\widehat{\psi}(2^{-j}\omega)|^2 \tag{3.16}$$

は，$\psi(x)$ のエネルギースペクトル $\frac{1}{2\pi}|\widehat{\psi}(\omega)|^2$ を周波数方向に 2^j 倍に拡大縮小したものである．縦方向にも 2^{-j} 倍して正規化されている（図 3.2）．

例 3.2 もっとも古いウェーブレットであるハール (Haar) ウェーブレット

について述べておこう．ハールウェーブレットはもっとも簡単な直交ウェーブレットであり，ウェーブレット理論の概要を知る良い例であるとともに，しばしば実用にも用いられている．

$$\psi(x) = \psi_{\text{Ha}}(x) = \begin{cases} 1, & 0 < x < \dfrac{1}{2}, \\ -1, & \dfrac{1}{2} < x < 1, \\ 0, & \text{その他} \end{cases} \quad (3.17)$$

で与えられる $\psi_{\text{Ha}}(x)$ を**ハールのウェーブレット関数** (Haar wavelet function) とよぶ．図 3.1 の実線で表されている関数である．このとき，各ウェーブレットは

$$\psi_{j,k}(x) = \begin{cases} 2^{j/2}, & 2^{-j}k < x < 2^{-j}(k+1/2), \\ -2^{j/2}, & 2^{-j}(k+1/2) < x < 2^{-j}(k+1), \\ 0, & \text{その他} \end{cases} \quad (3.18)$$

となり，区間 $[2^{-j}k, 2^{-j}(k+1)]$ に局在した関数である．展開係数は

$$\begin{aligned} d_{j,k} &= \langle \psi_{j,k}, f \rangle \\ &= 2^{j/2} \left\{ \int_{2^{-j}k}^{2^{-j}(k+1/2)} f(x)\,dx - \int_{2^{-j}(k+1/2)}^{2^{-j}(k+1)} f(x)\,dx \right\} \end{aligned} \quad (3.19)$$

であるから，区間 $[2^{-j}k, 2^{-j}(k+1)]$ における $f(x)$ の変化の様子を測っていることになる．

ハールウェーブレットの正規直交性は簡単にわかる．実際，$\langle \psi_{j_1,k_1}, \psi_{j_2,k_2} \rangle = \int_{-\infty}^{\infty} \psi_{j_1,k_1}(x)\,\psi_{j_2,k_2}(x)\,dx$ において，レベル j が同じ $(j_1 = j_2 = j)$ ときは，$k_1 \neq k_2$ なら $\psi_{j,k_1}(x)$ と $\psi_{j,k_2}(x)$ はサポートが端点以外では重ならないため積分は 0 になり，直交性が得られる．$k_1 = k_2$ のときは積分は 1 である．また $j_1 < j_2$ のときは，$\psi_{j_1,k_1}(x)$ が一定値をとるところで，$\psi_{j_2,k_2}(x)$ が $-2^{j_2/2}$ と $2^{j_2/2}$ の値をとり，しかも $-2^{j_2/2}$ になる区間と $2^{j_2/2}$ になる区間の長さが同じだから，やはり直交性が得られる．基底であるためにはさらに，任意の関数を表せることを示す必要があるが，これは少し難しい．ここでは認めておくことにしたい．

3.1 直交ウェーブレット関数

ハールのウェーブレット関数 $\psi_{\text{Ha}}(x)$ では 0 次のモーメント（§2.6.2 参照）が消えることは明らかであろう．すなわち

$$\int_{-\infty}^{\infty} \psi_{\text{Ha}}(x)\,dx = 0 \tag{3.20}$$

である．これは実はほとんどすべてのウェーブレット関数がもつ性質でもある．実際，ウェーブレット関数 $\psi(x)$ がある正の数 C, ϵ に対して

$$|\psi(x)| \leq \frac{C}{(1+|x|)^{1+\epsilon}}, \qquad x \in \mathbb{R} \tag{3.21}$$

を満たせば 0 次のモーメントが消えることが示せるが，証明はかなり手間がかかる．これもここでは認めておくことにしたい．

ハールウェーブレットの場合は関数形が簡単なのでその構成や計算は比較的易しいが，一般的なウェーブレット関数 $\psi(x)$ を構成するには複雑な手続きを必要とする．本書ではその手続きには深くは立ち入らないが，次節以降で，まず関数の近似をサンプリング定理の観点から考察した後，ウェーブレットを考える際に重要となるスケーリング関数とよばれる関数を導入しよう．この関数はウェーブレット展開の性質を明らかにすることにも役に立つ．

まとめ 3.1

$\{\psi_{j,k}\}_{j,k\in\mathbb{Z}}$ が $L^2(\mathbb{R})$ の正規直交基底であるとき，ψ をウェーブレット関数とよぶ．

$$\psi_{j,k}(x) = 2^{j/2}\psi(2^j x - k), \quad j,k \in \mathbb{Z}. \tag{3.3}$$

レベル j の近似係数 $d_{j,k}$：

$$d_{j,k} = \langle \psi_{j,k}, f \rangle = (W_\psi f)(2^{-j}, k2^{-j}). \tag{3.4, 3.14}$$

$$\|f\|^2 = \sum_{j,k} |d_{j,k}|^2. \tag{3.5}$$

レベル j の詳細 $g_j(x)$ と近似 $f_j(x)$ （$\varphi(x)$ はスケーリング関数）：

$$g_j(x) = \sum_{k=-\infty}^{\infty} d_{j,k}\,\psi_{j,k}(x), \qquad f_j(x) = \sum_{j'<j} g_{j'}(x), \qquad (3.6,\ 3.7)$$

$$f_j(x) = \sum_{k=-\infty}^{\infty} \langle \varphi_{j,k}, f \rangle \varphi_{j,k}(x). \qquad (3.11)$$

$$f(x) = \sum_{j=-\infty}^{\infty} \sum_{k=-\infty}^{\infty} d_{j,k}\psi_{j,k}(x) = \sum_{j=-\infty}^{\infty} g_j(x)$$
$$= f_{j_0}(x) + \sum_{j=j_0}^{\infty} g_j(x). \qquad (3.4,\ 3.12)$$

もっとも簡単な例としてハールのウェーブレット関数 $\psi_{\text{Ha}}(x)$ がある.

3.2 サンプリング定理

関数 $f(x) \in L^2(\mathbb{R})$ のフーリエ変換 $\widehat{f}(\omega)$ は,$f(x)$ に含まれている周波数 (振動数) ω の成分の大きさを表している.$\widehat{f}(\omega)$ において $|\omega|$ が小さいところが低周波部分,大きいところが高周波部分にそれぞれ対応している.$f(x)$ がある周波数以下の成分しかもたないとき,$f(x)$ は**帯域制限**関数 (band-limited function) であるという.このときある $W > 0$ に対して $\widehat{f}(\omega) = 0$ $(|\omega| > W\pi)$ であれば「$f(x)$ は $W\pi$ 帯域制限である」という.

$W\pi$ 帯域制限関数 $f(x)$ は,$\dfrac{1}{W}$ の幅でサンプリングすると,サンプリング値 $\left\{ f\left(\dfrac{k}{W}\right) \right\}_{k \in \mathbb{Z}}$ だけで $f(x)$ は完全に復元できる.つまりサンプリング値以外の $f(x)$ の値まで完全に再現できる,という目覚ましい性質をもっている.これは,シャノン (Shannon) の**サンプリング定理** (sampling theorem) とよばれる[5].

サンプリング値はとびとびの x における $f(x)$ の値であるため,それら以外の x での関数値は,任意の値をとれそうな気がするがそんなことはなく,実は完全に決まってしまうというのがこの定理の意味である.とびとびにとっ

---

[5] ホイッテーカー (Whittaker),コテルニコフ (Kotel'nikov),ナイキスト (Nyquist),小倉,染谷などの名前を付けることも多い.

たサンプリング値だけでその間の値も正確に与えることができるというのは驚くべきことだろう．言い換えれば，帯域制限関数ならば，サンプリング間隔が十分細かければ，情報を少しも失わないで離散化することができるわけである．

なお，$\dfrac{1}{W}$ の幅でサンプリングすることを，サンプリング周波数が W であるという．$W' > W$ とすると，$W\pi$ 帯域制限なら $W'\pi$ 帯域制限なので，W より高いサンプリング周波数である W' でサンプリングしても，もとの関数 $f(x)$ を完全に復元することができる．

それではとびとびの値を用いてどのように $f(x)$ を復元するのだろうか．答は比較的単純で，元の関数はサンプル値を使って，次のように表すことができる．

シャノンのサンプリング定理

$f \in L^2(\mathbb{R})$ が $W\pi$ 帯域制限とすると，
$$f(x) = \sum_{k=-\infty}^{\infty} f\left(\frac{k}{W}\right) \mathrm{sinc}(Wx - k). \tag{3.22}$$

ここで，関数 $\mathrm{sinc}(x)$（図 3.3, 3.4）は

$$\mathrm{sinc}(x) = \begin{cases} \dfrac{\sin \pi x}{\pi x} & (x \neq 0) \\ 1 & (x = 0) \end{cases} \quad \left(\iff \widehat{\mathrm{sinc}}(\omega) = \chi_{[-\pi, \pi]}(\omega) \right) \tag{3.23}$$

と定義される[6]．なお，$\chi_I(\omega)$ は集合 $I \subset \mathbb{R}$ の**特性関数**，すなわち $\chi_I(\omega) = \begin{cases} 1 & (\omega \in I) \\ 0 & (\omega \notin I) \end{cases}$ となる関数を表す．

ここで用いた $\mathrm{sinc}(x)$ という関数は整数 k において $\mathrm{sinc}(k) = \delta_{k,0}$ となるので，(3.22) の右辺の級数は $x = k/W$ $(k \in \mathbb{Z})$ において $f(k/W)$ を与え

---

[6] この関数は場合分けで定義されているが，C^∞ 級（無限回微分可能）で，さらに実解析的である．実解析的 (real analytic) な関数とは，C^∞ 級であって，任意の $x = x_0$ でのテイラー展開が $x = x_0$ の近くで元の関数に収束するような関数である．$\widehat{f}(\omega)$ が有界なサポートをもつなら $f(x)$ は実解析的となる．なお，実解析的関数は，複素関数の意味の解析関数を実軸に制限したものに他ならない．

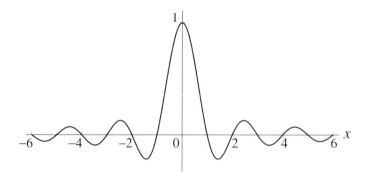

図 3.3 $\mathrm{sinc}(x) = \varphi_{\mathrm{Sh}}(x)$

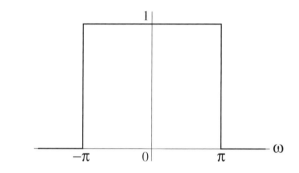

図 3.4 $\widehat{\mathrm{sinc}}(\omega) = \widehat{\varphi_{\mathrm{Sh}}}(\omega)$

ている[7]．また (3.22) の右辺は，一つの関数 $\sin(Wx)$ を $\dfrac{k}{W}$ $(k \in \mathbb{Z})$ だけ平行移動した関数の一次結合になっていることにも注意しよう．実は関数系 $\{\sqrt{W}\,\mathrm{sinc}(Wx - k)\}_{k \in \mathbb{Z}}$ は $L^2(\mathbb{R})$ の正規直交系になっているので，(3.22) は関数の直交分解を与えており，係数については

$$f\left(\frac{k}{W}\right) = W\langle \mathrm{sinc}(Wx - k), f(x)\rangle \tag{3.24}$$

が成り立つ．$\{\sqrt{W}\,\mathrm{sinc}(Wx - k)\}_{k \in \mathbb{Z}}$ が正規直交系であることは次のように

---

[7] (3.22) の無限級数の収束性が気になるかもしれないが，この無限級数は $\mathbb{R}$ 上で $f(x)$ に一様収束することが証明できる．また $L^2(\mathbb{R})$ のノルムの意味でも $f(x)$ に収束している．（一般に L^2 ノルムで測って $\|f_j - f\| \to 0$ $(j \to \infty)$ となるとき，「$L^2(\mathbb{R})$ の意味で f_j が f に収束」，あるいは「$L^2(\mathbb{R})$ で $f_j \to f$ $(j \to \infty)$」などという.) このように良い展開が得られるのは左辺の帯域制限関数が非常におとなしい関数であるためである．

してわかる．(1.66) を使うと

$$\langle \sqrt{W}\operatorname{sinc}(Wx-k), \sqrt{W}\operatorname{sinc}(Wx-l)\rangle \tag{3.25}$$

$$= W\int_{-\infty}^{\infty} \operatorname{sinc}(Wx-k)\operatorname{sinc}(Wx-l)\,dx \tag{3.26}$$

$$= \int_{-\infty}^{\infty} \operatorname{sinc}(x-k)\operatorname{sinc}(x-l)\,dx \tag{3.27}$$

$$= \frac{1}{2\pi}\int_{-\infty}^{\infty} \overline{\widehat{\operatorname{sinc}(x-k)}(\omega)}\,\widehat{\operatorname{sinc}(x-l)}(\omega)\,d\omega \tag{3.28}$$

$$= \frac{1}{2\pi}\int_{-\infty}^{\infty} \chi_{[-\pi,\pi]}(\omega)e^{ik\omega}\chi_{[-\pi,\pi]}(\omega)e^{-il\omega}\,d\omega \tag{3.29}$$

$$= \frac{1}{2\pi}\int_{-\pi}^{\pi} e^{i(k-l)\omega}\,d\omega = \delta_{k,l}. \tag{3.30}$$

同様の議論により，一般に $\{f_k(x)\}_{k\in\mathbb{Z}}$ が正規直交系なら $\{\sqrt{W}f_k(Wx)\}_{k\in\mathbb{Z}}$ も正規直交系である．

注意 3.3 $W\pi$ 帯域制限の定義で $|\omega|=W\pi$ を入れるかどうか気になる人もいるかもしれない．ここでの仮定のように $f\in L^2(\mathbb{R})$ で考えるなら，上の定義でよい[8]．たとえば $\widehat{f}(\omega) = \chi_{[-W\pi,W\pi]}(\omega)\left(\iff f(x) = \dfrac{1}{W}\operatorname{sinc}(Wx)\right)$ であってもかまわない．しかし，$L^2(\mathbb{R})$ の枠を超えてサンプリング定理を考えると，$|\omega|=W\pi$ の近くでも 0 になるという仮定がいる場合がある．たとえば $f(x) = \sin\pi x = \dfrac{1}{2i}(e^{i\pi x} - e^{-i\pi x})$ のとき，$\widehat{f}(\omega) = \widehat{\sin(\pi x)}(\omega) = \dfrac{\pi}{i}(\delta(\omega-\pi) - \delta(\omega+\pi))$ であり，$\widehat{f}(\omega)=0\ (|\omega|>\pi)$ であるが，$f(k)=0\ (k\in\mathbb{Z})$ なので，$W=1$ では (3.22) は成立しない．

まとめ 3.2

$f\in L^2(\mathbb{R})$ が $W\pi$ 帯域制限 $\iff \widehat{f}(\omega) = 0\ (|\omega|>W\pi)$．

シャノンのサンプリング定理：$f\in L^2(\mathbb{R})$ が $W\pi$ 帯域制限とすると，

---

[8] そもそも $L^2(\mathbb{R})$ は，定義（二乗可積分性）も内積もノルムもすべて積分によっているので，一点あるいは有限個の点での関数値は問題にならないのである．

$$f(x) = \sum_{k=-\infty}^{\infty} f\left(\frac{k}{W}\right) \operatorname{sinc}(Wx - k). \tag{3.22}$$

$\{\sqrt{W} \operatorname{sinc}(Wx - k)\}_{k \in \mathbb{Z}}$ は正規直交系,
$f\left(\dfrac{k}{W}\right) = W \langle \operatorname{sinc}(Wx - k), f(x) \rangle.$

3.3 スケーリング関数

3.3.1 スケーリング関数とは

帯域制限関数として特に $2^j\pi$ 帯域制限関数を考えよう(j は整数).$2^j\pi$ 帯域制限の関数は正規直交系 $\{\operatorname{sinc}_{j,k}\}_{k \in \mathbb{Z}} = \{2^{j/2} \operatorname{sinc}(2^j x - k)\}_{k \in \mathbb{Z}}$ で展開できる.ここで π 帯域制限関数 $\operatorname{sinc}(x)$ は,2π 帯域制限でもあることに注意すると,$\{\operatorname{sinc}_{1,k}\}_{k \in \mathbb{Z}}$ で展開することもできる.すなわち

$$\operatorname{sinc}(x) = \sum_{k=-\infty}^{\infty} \langle \operatorname{sinc}_{1,k}, \operatorname{sinc} \rangle \operatorname{sinc}_{1,k}(x) \tag{3.31}$$

$$= \sum_{k=-\infty}^{\infty} 2 \langle \operatorname{sinc}(2x - k), \operatorname{sinc}(x) \rangle \operatorname{sinc}(2x - k) \tag{3.32}$$

$$= \sum_{k=-\infty}^{\infty} \operatorname{sinc}\left(\frac{k}{2}\right) \operatorname{sinc}(2x - k) \tag{3.33}$$

となる.

これらのことから $\varphi(x) = \operatorname{sinc}(x)$ は以下の 3 条件を満たしていることがわかる.

(SF1) $\{\varphi(x - k)\}_{k \in \mathbb{Z}} = \{\varphi_{0,k}\}_{k \in \mathbb{Z}}$ は正規直交系である.すなわち,

$$\langle \varphi(x - k), \varphi(x - \ell) \rangle = \delta_{k,\ell}, \quad k, \ell \in \mathbb{Z}. \tag{3.34}$$

(SF2) $\varphi(x)$ が $\{\varphi_{1,k}\}_k$ で展開できる.すなわち,ある数列 $\{a_k\}_{k \in \mathbb{Z}}$ があって

3.3 スケーリング関数

$$\varphi(x) = \sum_{k=-\infty}^{\infty} \sqrt{2} a_k \varphi_{1,k}(x) = \sum_{k=-\infty}^{\infty} 2 a_k \varphi(2x - k) \qquad (3.35)$$

が成り立つ[9]．

(SF3)　$\widehat{\varphi}(\omega)$ は $\omega = 0$ の近くで連続で $\widehat{\varphi}(0) = 1$．

この三つの性質は sinc 関数による展開に限らず一般の展開を考える上で重要である．そこで一般に，(SF1)〜(SF3) の 3 条件を満たす $\varphi \in L^2(\mathbb{R})$ は**正規直交スケーリング関数** (orthonormal scaling function) とよばれる[10]．本書では今後，簡単のため正規直交スケーリング関数を単に**スケーリング関数** (scaling function) とよぶ．等式 (3.35) は **2 スケール方程式** (two-scale equation)，スケーリング方程式 (scaling equation) などとよばれ，$a_k \, (k \in \mathbb{Z})$ は **2 スケール係数** (two-scale coefficient) あるいは**ローパスフィルタ係数** (low-pass filter coefficient) とよばれる[11]．(3.35) は，両辺をフーリエ変換すると，

$$\widehat{\varphi}(2\omega) = m_0(\omega) \widehat{\varphi}(\omega), \qquad m_0(\omega) = \sum_{k=-\infty}^{\infty} a_k e^{-ik\omega} \qquad (3.36)$$

が得られる．この 2π 周期関数 $m_0(\omega)$ は $\varphi(x)$ に付随した**ローパスフィルタ** (low-pass filter) とよばれる[11]．実際，(3.35) から (3.36) は以下のように示すことができる．

$$\widehat{\varphi}(2\omega) = \int_{-\infty}^{\infty} \varphi(x) e^{-i2\omega x} \, dx = \sum_{k=-\infty}^{\infty} 2 a_k \int_{-\infty}^{\infty} \varphi(2x - k) e^{-i2\omega x} \, dx \quad (3.37)$$

$$= \sum_{k=-\infty}^{\infty} a_k \int_{-\infty}^{\infty} \varphi(x') e^{-i\omega(x'+k)} \, dx' = \sum_{k=-\infty}^{\infty} a_k e^{-ik\omega} \widehat{\varphi}(\omega). \quad (3.38)$$

また逆に (3.36) が成り立てば (3.35) が成り立つことも逆フーリエ変換で同様に示せる．

---

[9] $\sum_{k=-\infty}^{\infty} a_k \varphi_{1,k}(x)$ ではなく $\sum_{k=-\infty}^{\infty} \sqrt{2} a_k \varphi_{1,k}(x)$ としたのは a_k のおき方の問題であり，「後の都合」でこうしておく．

[10] (SF3) はある種の正規化条件である．もっと弱めたものを考えることもできるが，実際に使う場面では (SF3) にしておいて問題ないので，本書では (SF3) も満たすものを正規直交スケーリング関数とよぶことにする．

[11] ローパスフィルタとよばれる理由は §3.5.3 で説明する．

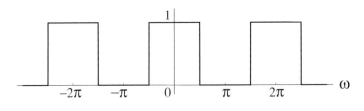

図 3.5　シャノンの場合の $m_0(\omega)$

sinc(x) の場合と同様，注意 3.3 の直前に述べたように，(SF1) により，任意の $j \in \mathbb{Z}$ に対して $\{\varphi_{j,k}\}_k$ もまた正規直交系となる．したがって，(3.35) は直交展開である．

上の言葉に合わせて sinc(x) は，$\varphi_{\mathrm{Sh}}(x)$ と書いて**シャノンのスケーリング関数**ともよばれる．この場合の $m_0(\omega)$ は $\chi_{[-\pi/2,\pi/2]}(\omega)$ を周期 2π で周期化したもの（図 3.5）である．ここで一般に，関数 $f(x)$ を周期 T で**周期化**する（または T 周期化する）とは，$f(x)$ を T の整数倍だけずらして足し合わせること，すなわち $\sum_{k=-\infty}^{\infty} f(x-kT)$ を作ることを意味する．

スケーリング関数の重要性は，後に見るように，それをもとにしてウェーブレット関数が構成できる点にある．意外かもしれないが，ウェーブレット理論で最も大切なのは，実はウェーブレット関数ではなくスケーリング関数である．

3.3.2　スケーリング関数による近似

関数 $f \in L^2(\mathbb{R})$ は，j を大きくすると，$2^j \pi$ 帯域制限関数でいくらでも精密に近似できる．すなわち，$f \in L^2(\mathbb{R})$ に対して，周波数 ω の絶対値が $2^j \pi$ より大きい部分を切り落として

$$\widehat{f_j}(\omega) = \widehat{f}(\omega) \chi_{[-2^j\pi, 2^j\pi]}(\omega) \tag{3.39}$$

と $f_j(x)$ を定めると，$L^2(\mathbb{R})$ の意味で $f_j \to f\ (j \to \infty)$ となる．$f_j(x)$ は正規直交系 $\{(\varphi_{\mathrm{Sh}})_{j,k}\}_{k \in \mathbb{Z}}$ で展開できるので，正規直交系 $\{(\varphi_{\mathrm{Sh}})_{j,k}\}_{k \in \mathbb{Z}}$ は，j が大きくなればいくらでも精密に近似できるような関数系であることがわかる．

3.3 スケーリング関数

$f_j(x)$ のサンプリング定理による展開は

$$f_j(x) = \sum_{k=-\infty}^{\infty} \langle (\varphi_{\text{Sh}})_{j,k}, f \rangle (\varphi_{\text{Sh}})_{j,k}(x) \tag{3.40}$$

となることに注意しよう．ここでのポイントは，右辺にあるのは f_j ではなく f であることである．実際，$f_j(x)$ は $2^j\pi$ 帯域制限なので

$$f_j(x) = \sum_{k=-\infty}^{\infty} f_j(k 2^{-j}) \operatorname{sinc}(2^j x - k) \tag{3.41}$$

と展開できるが，$\{(\varphi_{\text{Sh}})_{j,k}\}_{k\in\mathbb{Z}} = \{\operatorname{sinc}_{j,k}\}_{k\in\mathbb{Z}}$ は正規直交系なので

$$f_j(x) = \sum_{k=-\infty}^{\infty} \langle (\varphi_{\text{Sh}})_{j,k}, f_j \rangle (\varphi_{\text{Sh}})_{j,k}(x) \tag{3.42}$$

となる．あとは $\langle (\varphi_{\text{Sh}})_{j,k}, f_j \rangle = \langle (\varphi_{\text{Sh}})_{j,k}, f \rangle$ を示せばよい．そこで

$$\begin{aligned}\widehat{(\varphi_{\text{Sh}})_{j,k}}(\omega) &= 2^{-j/2} \widehat{\operatorname{sinc}}(2^{-j}\omega) e^{-i 2^{-j} k \omega} \\ &= 2^{-j/2} \chi_{[-2^j\pi, 2^j\pi]}(\omega) e^{-i 2^{-j} k \omega}\end{aligned} \tag{3.43}$$

を用いると

$$\langle (\varphi_{\text{Sh}})_{j,k}, f_j \rangle = \frac{1}{2\pi} \langle \widehat{(\varphi_{\text{Sh}})_{j,k}}, \widehat{f_j} \rangle \tag{3.44}$$

$$= \frac{1}{2\pi} \int_{-\infty}^{\infty} 2^{-j/2} \chi_{[-2^j\pi, 2^j\pi]}(\omega) e^{i 2^{-j} k \omega} \widehat{f_j}(\omega)\, d\omega \tag{3.45}$$

$$= \frac{1}{2\pi} \int_{-\infty}^{\infty} 2^{-j/2} \chi_{[-2^j\pi, 2^j\pi]}(\omega) e^{i 2^{-j} k \omega} \widehat{f}(\omega)\, d\omega \tag{3.46}$$

$$= \langle (\varphi_{\text{Sh}})_{j,k}, f \rangle \tag{3.47}$$

が得られる．

同様のことは一般のスケーリング関数でもいえる．すなわち，$\varphi(x)$ がスケーリング関数のとき，レベル j の正規直交系 $\{\varphi_{j,k}\}_{k\in\mathbb{Z}}$ は，j が大きくなればいくらでも精密に近似できるような関数系である．正確には，以下のことを示すことができる[12]．

---

[12] 本書では触れるだけにとどめておく．

任意の $f \in L^2(\mathbb{R})$ に対して

$$f_j(x) = \sum_{k=-\infty}^{\infty} \langle \varphi_{j,k}, f \rangle \varphi_{j,k}(x) \tag{3.48}$$

とおくと，$L^2(\mathbb{R})$ の意味で $f_j \to f\ (j \to \infty)$ となる．

この $f_j(x)$ を $f(x)$ のレベル j の**近似**とよび，$c_{j,k} = \langle \varphi_{j,k}, f \rangle$ をレベル j の**近似係数**（または粗係数）とよぶ．

注意 3.4 (1) ほとんどのスケーリング関数は

$$\varphi \in L^1(\mathbb{R}), \qquad \sum_{k=-\infty}^{\infty} |a_k| < \infty \tag{3.49}$$

という条件を満たしており，$\widehat{\varphi}(\omega)$ や $m_0(\omega)$ は連続関数になっている．この場合，(SF3) の $\widehat{\varphi}(0) = 1$ は

$$\int_{-\infty}^{\infty} \varphi(x)\,dx = 1 \tag{3.50}$$

を意味する．本書でもスケーリング関数は上の条件 (3.49) を満たしていると思っておいてよいが，実はシャノンの場合は例外で条件 (3.49) は満たされていない．

(2) 一般に $L^2(\mathbb{R})$ の正規直交系 $\{g_k\}_{k\in\mathbb{Z}}$ があるとき，$f \in L^2(\mathbb{R})$ に対して，$G_0(x) = \sum_{k=-\infty}^{\infty} \langle g_k, f \rangle g_k(x)$ は，$\{g_k\}_k$ の一次結合で表される関数 $G(x) = \sum_{k=-\infty}^{\infty} c_k g_k(x)$ の中で，$f(x)$ に最も近い関数，すなわち $\|f - G\|$ が最も小さい関数である．(3.40) や (3.48) はこの形をしている．$G_0(x)$ は数学的には，「$\{g_k\}_{k\in\mathbb{Z}}$ で生成される閉部分空間への $f(x)$ の正射影」とよばれる関数である．

3.3.3 スケーリング関数の性質

一般のスケーリング関数 $\varphi(x)$ の基本性質についてもう少し述べておこう．まずは，(SF3) と (3.36) により，ローパスフィルタ $m_0(\omega)$ の $\omega = 0$ での

3.3 スケーリング関数

値が 1 に決まっていることがわかる．これはローパスフィルタ係数の和の値が 1 に決まっているということである．

$$m_0(0) = 1, \qquad \sum_{k=-\infty}^{\infty} a_k = 1. \tag{3.51}$$

次に，(SF1) をフーリエ変換の言葉で書き換えると

$$\sum_{k=-\infty}^{\infty} |\widehat{\varphi}(\omega + 2\pi k)|^2 = 1, \qquad \omega \in \mathbb{R} \tag{3.52}$$

となる．これが (SF1) の必要十分条件であることは，次のようにしてわかる．まずキーとなるのは，

$$\langle \varphi(x), \varphi(x-k) \rangle = \frac{1}{2\pi} \int_{-\pi}^{\pi} \left\{ \sum_{l=-\infty}^{\infty} |\widehat{\varphi}(\omega + 2\pi l)|^2 \right\} e^{-ik\omega} \, d\omega \tag{3.53}$$

という性質である．実際，

$$\langle \varphi(x), \varphi(x-k) \rangle = \frac{1}{2\pi} \langle \widehat{\varphi(x)}, \widehat{\varphi(x-k)} \rangle \tag{3.54}$$

$$= \frac{1}{2\pi} \int_{-\infty}^{\infty} \overline{\widehat{\varphi}(\omega)} \widehat{\varphi}(\omega) e^{-ik\omega} \, d\omega \tag{3.55}$$

$$= \frac{1}{2\pi} \int_{-\infty}^{\infty} |\widehat{\varphi}(\omega)|^2 e^{-ik\omega} \, d\omega \tag{3.56}$$

となり，積分区間を幅 2π の小区間に分けると

$$= \frac{1}{2\pi} \sum_{l=-\infty}^{\infty} \int_{\pi(2l-1)}^{\pi(2l+1)} |\widehat{\varphi}(\omega)|^2 e^{-ik\omega} \, d\omega \tag{3.57}$$

$$= \frac{1}{2\pi} \sum_{l=-\infty}^{\infty} \int_{-\pi}^{\pi} |\widehat{\varphi}(\omega + 2\pi l)|^2 e^{-ik\omega} \, d\omega \tag{3.58}$$

$$= \frac{1}{2\pi} \int_{-\pi}^{\pi} \left\{ \sum_{l=-\infty}^{\infty} |\widehat{\varphi}(\omega + 2\pi l)|^2 \right\} e^{-ik\omega} \, d\omega \tag{3.59}$$

となる．

(SF1) の (3.34) は

$$\langle \varphi(x), \varphi(x-k) \rangle = \delta_{k,0}, \qquad k \in \mathbb{Z} \tag{3.60}$$

と同値である．したがって，(3.53) により

$$\frac{1}{2\pi} \int_{-\pi}^{\pi} \left\{ \sum_{l=-\infty}^{\infty} |\widehat{\varphi}(\omega + 2\pi l)|^2 \right\} e^{-ik\omega} \, d\omega = \delta_{k,0} \tag{3.61}$$

となるが，これは 2π 周期関数 $\sum_{l=-\infty}^{\infty} |\widehat{\varphi}(\omega + 2\pi l)|^2$ のフーリエ係数であるから，フーリエ級数展開によって

$$\sum_{l=-\infty}^{\infty} |\widehat{\varphi}(\omega + 2\pi l)|^2 = \sum_{k=-\infty}^{\infty} \delta_{k,0} e^{ik\omega} = 1 \tag{3.62}$$

となり，(3.52) が成り立つ．逆に (3.52) が成り立てば上の逆をたどって (3.60) が得られる．

次に，(3.52) で $\omega = 0$ とすると，$\widehat{\varphi}(0) = 1$ から

$$\widehat{\varphi}(2\pi k) = \delta_{k,0}, \qquad k \in \mathbb{Z} \tag{3.63}$$

が得られ，ポアソンの和公式 (1.106) の n を $-k$ に変え x を y に変えた式に $\widehat{\varphi}(y)e^{ixy}$ をかけて y で積分すると

$$\sum_{k=-\infty}^{\infty} \varphi(x-k) = \sum_{m=-\infty}^{\infty} \widehat{\varphi}(2\pi m) e^{2\pi i m x} = 1, \qquad x \in \mathbb{R} \tag{3.64}$$

が得られる．

(3.52) のもう一つの系として，ローパスフィルタの重要な性質

$$|m_0(\omega)|^2 + |m_0(\omega + \pi)|^2 = 1, \qquad \omega \in \mathbb{R} \tag{3.65}$$

が得られる．実際，(3.36) を使うと

$$1 = \sum_{k=-\infty}^{\infty} |\widehat{\varphi}(2\omega + 2\pi k)|^2 = \sum_{k=-\infty}^{\infty} |m_0(\omega + \pi k)|^2 |\widehat{\varphi}(\omega + \pi k)|^2 \tag{3.66}$$

3.3 スケーリング関数

となり，k を偶数と奇数に分けると，$m_0(\omega)$ は 2π 周期関数であることから

$$
\begin{aligned}
1 &= \sum_{k=-\infty}^{\infty} |m_0(\omega + \pi 2k)|^2 |\widehat{\varphi}(\omega + \pi 2k)|^2 \\
&\quad + \sum_{k=-\infty}^{\infty} |m_0(\omega + \pi(2k+1))|^2 |\widehat{\varphi}(\omega + \pi(2k+1))|^2 \quad (3.67) \\
&= \sum_{k=-\infty}^{\infty} |m_0(\omega)|^2 |\widehat{\varphi}(\omega + \pi 2k)|^2 \\
&\quad + \sum_{k=-\infty}^{\infty} |m_0(\omega + \pi)|^2 |\widehat{\varphi}(\omega + \pi(2k+1))|^2 \quad (3.68) \\
&= |m_0(\omega)|^2 \sum_{k=-\infty}^{\infty} |\widehat{\varphi}(\omega + 2\pi k)|^2 \\
&\quad + |m_0(\omega + \pi)|^2 \sum_{k=-\infty}^{\infty} |\widehat{\varphi}(\omega + \pi + 2\pi k)|^2 \quad (3.69) \\
&= |m_0(\omega)|^2 + |m_0(\omega + \pi)|^2 \quad (3.70)
\end{aligned}
$$

となる．

(3.51) と (3.65) からローパスフィルタの $\omega = \pi$ での値も 0 に決まっていることがわかる．これはローパスフィルタ係数の交代和[13]の値が次のように 0 に決まっているということである．

$$
m_0(\pi) = 0, \qquad \sum_{k=-\infty}^{\infty} (-1)^k a_k = 0. \quad (3.71)
$$

なお §3.5.3 で説明するように，(3.51), (3.71) は $m_0(\omega)$ をローパスフィルタとよぶ理由となっている．

さらに，ここでは詳しくは触れないが，(3.65) からローパスフィルタ係数 $\{a_k\}_{k\in\mathbb{Z}}$ は以下の性質を満たすことも導かれる．

$$
\sum_k a_k \overline{a_{k-2n}} = \frac{1}{2} \delta_{n,0}, \qquad n \in \mathbb{Z} \quad (3.72)
$$

---

[13] $\sum_k (-1)^k a_k$ を数列 $\{a_k\}$ の交代和という．

特に
$$\sum_{k=-\infty}^{\infty} |a_k|^2 = \frac{1}{2} \qquad (3.73)$$
となる．

まとめ 3.3

(SF1)〜(SF3) を満たす関数をスケーリング関数という．

$$\widehat{\varphi}(2\omega) = m_0(\omega)\widehat{\varphi}(\omega), \qquad m_0(\omega) = \sum_{k=-\infty}^{\infty} a_k e^{-ik\omega}. \qquad (3.36)$$

$\{a_k\}_{k\in\mathbb{Z}}$：2 スケール数列またはローパスフィルタ係数．

$\varphi_{\mathrm{Sh}}(x) = \mathrm{sinc}(x)$：シャノンのスケーリング関数．
任意の $f \in L^2(\mathbb{R})$ に対して

$$f_j(x) = \sum_{k=-\infty}^{\infty} \langle \varphi_{j,k}, f \rangle \varphi_{j,k}(x) \qquad (3.48)$$

とおくと，$L^2(\mathbb{R})$ の意味で $f_j \to f$ $(j \to \infty)$．

$$m_0(0) = 1, \qquad \sum_{k=-\infty}^{\infty} a_k = 1. \qquad (3.51)$$

$$\sum_{k=-\infty}^{\infty} |\widehat{\varphi}(\omega + 2\pi k)|^2 = 1, \qquad \widehat{\varphi}(2\pi k) = \delta_{k,0},\ k \in \mathbb{Z}. \qquad (3.52, 3.63)$$

$$\sum_{k=-\infty}^{\infty} \varphi(x - k) = 1, \qquad x \in \mathbb{R}. \qquad (3.64)$$

$$|m_0(\omega)|^2 + |m_0(\omega + \pi)|^2 = 1. \qquad (3.65)$$

$$m_0(\pi) = 0, \qquad \sum_{k=-\infty}^{\infty} (-1)^k a_k = 0. \qquad (3.71)$$

3.4 スケーリング関数からウェーブレット関数へ

既に少しふれたように,スケーリング関数 $\varphi(x)$ があると,それから一定のやり方でウェーブレット関数 $\psi(x)$ を作ることができる.本節ではまずシャノンのウェーブレットの場合についてそのことを述べ,次に一般の場合について述べる.

3.4.1 シャノンのウェーブレット

関数 $f(x)$ は $\{(\varphi_{\mathrm{Sh}})_{1,k}\}_{k\in\mathbb{Z}}$ で展開することができるとする.すなわち $f(x)$ は 2π 帯域制限とする.$\widehat{f}(\omega) = 0$ $(|\omega| > 2\pi)$ であるので,

$$\widehat{f}(\omega) = \widehat{f_0}(\omega) + \widehat{g_0}(\omega), \tag{3.74}$$

$$\widehat{f_0}(\omega) = \widehat{f}(\omega)\chi_{[-\pi,\pi]}(\omega), \qquad \widehat{g_0}(\omega) = \widehat{f}(\omega)\chi_{[-2\pi,-\pi]\cup[\pi,2\pi]}(\omega) \tag{3.75}$$

と直交分解することができる.ここで $f_0 \perp g_0$ である.$f_0(x)$ は π 帯域制限関数であるから $\{(\varphi_{\mathrm{Sh}})_{0,k}\}_{k\in\mathbb{Z}} = \{\mathrm{sinc}(x-k)\}_{k\in\mathbb{Z}}$ で展開できる.$g_0(x)$ は,もちろん $f(x)$ と同様に $\{(\varphi_{\mathrm{Sh}})_{1,k}\}_{k\in\mathbb{Z}}$ で展開することができるが,$f_0 \perp g_0$ なので,$\{(\varphi_{\mathrm{Sh}})_{0,k}\}_{k\in\mathbb{Z}}$ に直交する関数系で展開したい.

そこで天下り的だが,

$$\widehat{\psi_{\mathrm{Sh}}}(\omega) = e^{-i\omega/2}\chi_{[-2\pi,-\pi]\cup[\pi,2\pi]}(\omega) = \begin{cases} e^{-i\omega/2}, & \pi \leq |\omega| \leq 2\pi, \\ 0, & その他 \end{cases} \tag{3.76}$$

によって $\psi_{\mathrm{Sh}}(x)$ を定義する(図 3.6, 3.7).すなわち

$$\psi_{\mathrm{Sh}}(x) = 2\mathrm{sinc}(2x-1) - \mathrm{sinc}(x-1/2). \tag{3.77}$$

このように $\psi_{\mathrm{Sh}}(x)$ を定義すると,関数系 $\{(\psi_{\mathrm{Sh}})_{0,k}\}_{k\in\mathbb{Z}}$ は $\{(\varphi_{\mathrm{Sh}})_{0,k}\}_{k\in\mathbb{Z}}$ と直交する正規直交系となり,$g_0(x)$ は $\{(\psi_{\mathrm{Sh}})_{0,k}\}_{k\in\mathbb{Z}}$ で展開できるということを示そう.

まず $j \geq 0$ なら,

$\langle (\psi_{\mathrm{Sh}})_{j,k}, (\varphi_{\mathrm{Sh}})_{0,l} \rangle$

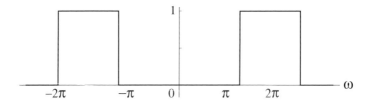

図 3.6 シャノンのウェーブレット関数のフーリエ変換 $|\widehat{\psi_{\mathrm{Sh}}}(\omega)|$

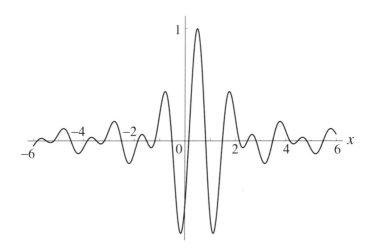

図 3.7 シャノンのウェーブレット関数 $\psi_{\mathrm{Sh}}(x)$

$$= \frac{1}{2\pi} 2^{-j/2} \langle e^{-ik2^{-j}\omega}\widehat{\psi_{\mathrm{Sh}}}(2^{-j}\omega), e^{-il\omega}\widehat{\varphi_{\mathrm{Sh}}}(\omega)\rangle = 0 \quad (3.78)$$

となるので,

$$(\psi_{\mathrm{Sh}})_{j,k} \perp (\varphi_{\mathrm{Sh}})_{0,l}, \quad j,k,l \in \mathbb{Z}, \quad j \geq 0 \quad (3.79)$$

が成り立つ. また,

$$\{(\psi_{\mathrm{Sh}})_{0,k}\}_{k\in\mathbb{Z}} = \{\psi_{\mathrm{Sh}}(x-k)\}_{k\in\mathbb{Z}} \text{ は正規直交系になる.} \quad (3.80)$$

このことはフーリエ変換を使って以下のように確かめることができる.

$$\langle (\psi_{\mathrm{Sh}})_{0,k}, (\psi_{\mathrm{Sh}})_{0,l} \rangle = \frac{1}{2\pi} \langle \widehat{\psi_{\mathrm{Sh}}(x-k)}, \widehat{\psi_{\mathrm{Sh}}(x-l)} \rangle \quad (3.81)$$

$$= \frac{1}{2\pi}\langle e^{-ik\omega}\widehat{\psi_{\text{Sh}}}(\omega), e^{-il\omega}\widehat{\psi_{\text{Sh}}}(\omega)\rangle \tag{3.82}$$

$$= \frac{1}{2\pi}\int_{-\infty}^{\infty} e^{i(k-l)\omega}|\widehat{\psi_{\text{Sh}}}(\omega)|^2 \, d\omega \tag{3.83}$$

$$= \frac{1}{2\pi}\int_{\pi\leq|\omega|\leq 2\pi} e^{i(k-l)\omega} \, d\omega = \delta_{k,l}. \tag{3.84}$$

最後に $g_0(x)$ が正規直交系 $\{(\psi_{\text{Sh}})_{0,k}\}_{k\in\mathbb{Z}} = \{\psi_{\text{Sh}}(x-k)\}_{k\in\mathbb{Z}}$ によって展開できることを示そう．$\widehat{g_0}(\omega)e^{i\omega/2}$ は $[-2\pi, -\pi]\cup[\pi, 2\pi]$ 以外では 0 であるが，これを 2π 周期化しても，$[-2\pi, -\pi]\cup[\pi, 2\pi]$ 上では元の $\widehat{g_0}(\omega)e^{i\omega/2}$ のままである．そこで 2π 周期化した関数をフーリエ級数で $\sum_{k=-\infty}^{\infty} c_k e^{-ik\omega}$ の形に展開すると

$$\begin{aligned}\widehat{g_0}(\omega) &= \sum_{k=-\infty}^{\infty} c_k e^{-ik\omega}\chi_{[-2\pi,-\pi]\cup[\pi,2\pi]}(\omega)e^{-i\omega/2} \\ &= \sum_{k=-\infty}^{\infty} c_k e^{-ik\omega}\widehat{\psi_{\text{Sh}}}(\omega)\end{aligned} \tag{3.85}$$

となり，$g_0(x) = \sum_{k=-\infty}^{\infty} c_k \psi_{\text{Sh}}(x-k)$ となる．こうして，$g_0(x)$ は正規直交系 $\{(\psi_{\text{Sh}})_{0,k}\}_{k\in\mathbb{Z}} = \{\psi_{\text{Sh}}(x-k)\}_{k\in\mathbb{Z}}$ によって展開することができた．

以上により，

> $\{(\varphi_{\text{Sh}})_{1,k}\}_{k\in\mathbb{Z}}$ で展開できる関数 $f(x)$ は，$\{(\varphi_{\text{Sh}})_{0,k}\}_{k\in\mathbb{Z}}$ で展開できる関数 $f_0(x)$ と $\{(\psi_{\text{Sh}})_{0,k}\}_{k\in\mathbb{Z}}$ で展開できる関数 $g_0(x)$ とに直交分解でき，$(\varphi_{\text{Sh}})_{0,k} \perp (\psi_{\text{Sh}})_{0,l}$ $(k,l\in\mathbb{Z})$ である

ということが示された．

$(\psi_{\text{Sh}})_{0,k}(x)$ を拡大・縮小すれば，任意の $j\in\mathbb{Z}$ に対して $\{(\psi_{\text{Sh}})_{j,k}\}_{k\in\mathbb{Z}}$ は正規直交系になり，(3.79) により

$$(\psi_{\text{Sh}})_{j,k} \perp (\varphi_{\text{Sh}})_{m,l}, \quad j,m,k,l\in\mathbb{Z}, \quad j\geq m \tag{3.86}$$

が成り立つ．さらに上で述べたことから

> $\{(\varphi_{\text{Sh}})_{j,k}\}_{k\in\mathbb{Z}}$ で展開できる関数 $f_j(x)$ は，$\{(\varphi_{\text{Sh}})_{j-1,k}\}_{k\in\mathbb{Z}}$ で展開できる関数 $f_{j-1}(x)$ と $\{(\psi_{\text{Sh}})_{j-1,k}\}_{k\in\mathbb{Z}}$ で展開できる関数 $g_{j-1}(x)$ とに直交分解でき，$(\varphi_{\text{Sh}})_{j,k} \perp (\psi_{\text{Sh}})_{j,l}$ $(j,k,l \in \mathbb{Z})$ である

ということがわかる．

ところで j を $j-1$ に取り換えればわかるように，$f_{j-1}(x)$ 自身は $\{(\varphi_{\text{Sh}})_{j-2,k}\}_{k\in\mathbb{Z}}$ で展開できる部分と $\{(\psi_{\text{Sh}})_{j-2,k}\}_{k\in\mathbb{Z}}$ で展開できる部分の和に表すことができる．このことを無限に繰り返せば，結局 $f_j(x)$ は $\{(\psi_{\text{Sh}})_{j',k}\}_{k\in\mathbb{Z}}$ $(j' = j-1, j-2, j-3, \ldots)$ によって表せそうに思えるだろう．(つまり残りの $\{(\varphi_{\text{Sh}})_{j'',k}\}_{k\in\mathbb{Z}}$ で表される部分は $j'' \to -\infty$ のとき 0 になると予想するわけである．) 事実このことは正しい．正確にいえば，$\{(\psi_{\text{Sh}})_{j,k}\}_{j,k\in\mathbb{Z}}$ は全体として $L^2(\mathbb{R})$ の正規直交基底になっていることを証明することができる．すなわち $\psi_{\text{Sh}}(x)$ はウェーブレット関数である．実際，$\{(\psi_{\text{Sh}})_{j,k}\}_{j,k\in\mathbb{Z}}$ の直交性は簡単で，$j_1 > j_2$ なら $(\psi_{\text{Sh}})_{j_2,k}(x)$ は $\{(\varphi_{\text{Sh}})_{j_2+1,k}\}_{k\in\mathbb{Z}}$ で展開できることと (3.86) により $(\psi_{\text{Sh}})_{j_1,k} \perp (\varphi_{\text{Sh}})_{j_2+1,l}$ $(k,l \in \mathbb{Z})$ となることから，$(\psi_{\text{Sh}})_{j_1,k} \perp (\psi_{\text{Sh}})_{j_2,l}$ $(k,l \in \mathbb{Z})$ が成り立つ．$\{(\psi_{\text{Sh}})_{j,k}\}_{j,k\in\mathbb{Z}}$ が基底になることを示すには，L^2 に属する任意の関数がこのウェーブレットで展開可能であることを証明しなければならない．これはやや手間のかかる議論を必要とするので，ここでは結果を述べておくに留めたい．

$(\psi_{\text{Sh}})_{j,k}(x)$ は**シャノンウェーブレット**とよばれ，$\psi_{\text{Sh}}(x)$ は**シャノンのウェーブレット関数**とよばれる．

注意 3.5 後で詳しく述べるように，実は

$$\widetilde{\psi_{\text{Sh}}}(x) = \psi_{\text{Sh}}(x + 1/2) = 2\operatorname{sinc}(2x) - \operatorname{sinc}(x)$$

$$\left(\iff \widetilde{\widehat{\psi_{\text{Sh}}}}(\omega) = \chi_{[-2\pi,-\pi] \cup [\pi,2\pi]}(\omega) = \begin{cases} 1, & \pi \leq |\omega| \leq 2\pi, \\ 0, & \text{その他} \end{cases} \right)$$

とおくと，$\widetilde{\psi_{\text{Sh}}}(x)$ もウェーブレット関数となる．こちらは偶関数なので，都合がよいことも多く，これをシャノンのウェーブレット関数とよぶこともある．$1/2$ 平行移動してもまたウェーブレット関数になるのはシャノンウェー

ブレットの特性であり，普通はウェーブレット関数を非整数の平行移動をすると，ウェーブレット関数にはならない．なお，すべてのウェーブレット関数は，整数だけ平行移動しても，すなわちシフト[14]しても，またウェーブレット関数である．

3.4.2 ウェーブレット関数の構成

スケーリング関数 $\varphi(x)$ が与えられれば，それをもとにして次のようにウェーブレット関数 $\psi(x)$ を作ることができる．

スケーリング関数からウェーブレット関数

$\varphi \in L^2(\mathbb{R})$ をスケーリング関数とする．2π 周期関数 $\mu(\omega)$ で $|\mu(\omega)| = 1$ となるものを選ぶ．このとき

$$m_1(\omega) = \mu(2\omega) e^{-i\omega} \overline{m_0(\omega + \pi)}, \tag{3.87}$$

$$\widehat{\psi}(\omega) = m_1(\omega/2) \widehat{\varphi}(\omega/2) \tag{3.88}$$

によって定義される $\psi(x)$ は，$\{\varphi_{0,k}(x)\}_{k \in \mathbb{Z}}$ と直交し，$\{\varphi_{1,k}(x)\}_{k \in \mathbb{Z}}$ によって展開することのできるウェーブレット関数になる．

こうして作った $\psi(x)$ は (3.86) と同じく

$$\psi_{j,k} \perp \varphi_{m,l}, \qquad j, m, k, l \in \mathbb{Z}, \quad j \geq m \tag{3.89}$$

を満たしていて，シャノンの場合と同様に，

$\{\varphi_{j,k}\}_{k \in \mathbb{Z}}$ で展開できる関数 $f_j(x)$ は，$\{\varphi_{j-1,k}\}_{k \in \mathbb{Z}}$ で展開できる関数 $f_{j-1}(x)$ と $\{\psi_{j-1,k}\}_{k \in \mathbb{Z}}$ で展開できる関数 $g_{j-1}(x)$ とに直交分解できる．

これらの証明はここでは与えない[15]が，スケーリング関数からウェーブレッ

---

[14] 本書では整数の平行移動を**シフト** (shift) とよぶことにする．

[15] たとえば [7],[4] などを参照．本書では多重解像度解析 (MRA) は使っていないが，[7] の V_j, W_j は本書でいえば，それぞれ $\{\varphi_{j,k}\}_{k \in \mathbb{Z}}$, $\{\psi_{j,k}\}_{k \in \mathbb{Z}}$ で展開できるような関数の集合である．[4] では j の入れ方が逆向きであり，V_{-j}, W_{-j} がそれぞれ $\{\varphi_{j,k}\}_{k \in \mathbb{Z}}$, $\{\psi_{j,k}\}_{k \in \mathbb{Z}}$ で展開できるような関数の集合である．

ト関数が作れるという意味で，ウェーブレット理論の中でのスケーリング関数の重要性を知ってもらいたい．

なお上の定理において 2π 周期関数 $m_1(\omega)$ は，$\varphi(x)$ に付随した**ハイパスフィルタ** (high-pass filter) とよばれる[16]．ここで $m_1(\omega)$ のフーリエ級数展開を

$$m_1(\omega) = \sum_{k=-\infty}^{\infty} b_k e^{-ik\omega} \tag{3.90}$$

とすると，(3.88) は

$$\psi(x) = \sum_{k=-\infty}^{\infty} 2b_k \varphi(2x-k) = \sum_{k=-\infty}^{\infty} \sqrt{2} b_k \varphi_{1,k}(x) \tag{3.91}$$

と表される．この関係は**ウェーブレット方程式** (wavelet equation) とよばれ，数列 $\{b_k\}_{k\in\mathbb{Z}}$ は**ハイパスフィルタ係数** (high-pass filter coefficient) とよばれる[16]．

注意 3.6 2スケール方程式やそこに現れる係数については文献によっていくつかスタンダードな記号法がある．ここでは，ハールやシャノンなど，厳密に値が求まる場合に $\sqrt{}$ が現れない記法を用いている．この記法は Mathematica のバージョン 9 のヘルプの a_n, b_n と同じである．[4] では $h_n = \sqrt{2} a_n$ であり，[8] では $h[n] = \sqrt{2} a_n$ である．[7] では $\alpha_k = a_{-k}$ である．ただし，[4] では $\psi_{j,k}$ の j に関する番号づけが逆になっていることを注意しておく．

$\mu(\omega)$ のとり方には上記の任意性があるが，(3.91) の b_k が変わるだけであり，どれをとっても本質的には同じウェーブレット関数を与える．$\mu(\omega) \equiv 1$ ととったときの $\psi(x)$ を $\psi^\circ(x)$ とすると，一般の $\psi(x)$ は $\psi^\circ(x)$ のシフトの一次結合で書ける．すなわち，$\mu(\omega) = \sum_{k=-\infty}^{\infty} \mu_k e^{-ik\omega}$ ととったときの $\psi(x)$ は $\widehat{\psi}(\omega) = \mu(\omega)\widehat{\psi^\circ}(\omega)$ より

$$\psi(x) = \sum_{k=-\infty}^{\infty} \mu_k \psi^\circ(x-k) \tag{3.92}$$

である．実は，0 でない μ_k が有限個とすると，$|\mu(\omega)| = 1$ となるのは $\mu(\omega) =$

---
[16] ハイパスフィルタとよばれる理由は §3.5.3 で説明する．

3.4 スケーリング関数からウェーブレット関数へ

表 3.1 代表的なウェーブレットの場合の標準的な $\mu(\omega)$ のとり方

ウェーブレット	$\mu(\omega)$	b_k
シャノン ψ_{Sh} およびメイエ ψ_{Me}	1	$b_k = (-1)^{1-k} a_{1-k}$
ハール ψ_{Ha} およびドブシィ $_N\psi$	-1	$b_k = (-1)^k a_{1-k}$

$\alpha e^{-il\omega}$, $l \in \mathbb{Z}$, $|\alpha|=1$ の形のものしかないので,普通は $\mu(\omega) = \pm e^{-il\omega}$ ($l \in \mathbb{Z}$) ととる.この場合,

$$b_k = \pm(-1)^{1-k}\overline{a_{2l+1-k}}, \quad k \in \mathbb{Z} \quad \text{(複号同順)} \tag{3.93}$$

となる.l の違いは $\psi(x)$ のシフトの違いのみである ($\psi(x) = \pm\psi^\circ(x-l)$).有名なウェーブレットでは $\mu(\omega)$ の標準的なとり方が大体決まっており,ほとんどは $\mu(\omega) = \pm 1$ のどちらかである(表 3.1).

3.4.3 ウェーブレット関数の性質

ウェーブレット関数 $\psi(x)$ について,0 次から $r-1$ 次までのモーメント (§2.6.2) がすべて消えるとき,$\psi(x)$ は「r 個の**消失モーメント** (vanishing moment) をもつ」[17]という.この条件は

$$\widehat{\psi}^{(s)}(0) = 0 \quad 0 \le s \le r-1 \tag{3.94}$$

や

$$m_1^{(s)}(0) = 0 \quad 0 \le s \le r-1 \tag{3.95}$$

と同値である.なお,§3.1.3 の最後で述べたように,ほとんどのウェーブレット関数は必ず最低 1 個は消失モーメントをもっている[18].

より詳細に調べると一般にハイパスフィルタ $m_1(\omega)$ や係数列 $\{b_k\}_{k \in \mathbb{Z}}$ は

---

[17] 0 次から連続して $r-1$ 次まで r 個のモーメントが 0 となるという意味である.

[18] 「ほとんど」と言っているのは,一般には必ずしも $\psi(x)$ が可積分とは限っていないからである(注意 3.4 参照).たとえばシャノンのウェーブレット関数 $\psi_{\mathrm{Sh}}(x)$ は可積分関数ではないので,そもそもモーメントの定義における積分の意味が問題となる.しかし,シャノンの場合は $\widehat{\psi_{\mathrm{Sh}}}^{(s)}(0) = 0$ ($s \in \mathbb{N} \cup \{0\}$) という意味では,すべてのモーメントが消えているといってもよい.

以下の性質を満たすことがわかる.

$$m_1(0) = 0, \quad \sum_{k=-\infty}^{\infty} b_k = 0. \tag{3.96}$$

$$|m_0(\omega)|^2 + |m_1(\omega)|^2 = |m_1(\omega)|^2 + |m_1(\omega+\pi)|^2 = 1. \tag{3.97}$$

$$\sum_k b_k \overline{b_{k-2n}} = \frac{1}{2}\delta_{n,0}, \quad n \in \mathbb{Z}. \quad \text{特に} \quad \sum_{k=-\infty}^{\infty} |b_k|^2 = \frac{1}{2}. \tag{3.98}$$

$$m_0(\omega)\overline{m_1(\omega)} + m_0(\omega+\pi)\overline{m_1(\omega+\pi)} = 0. \tag{3.99}$$

$$\sum_k a_k \overline{b_{k-2n}} = 0, \quad n \in \mathbb{Z}. \tag{3.100}$$

$$m_0(\omega)\overline{m_0(\omega+\pi)} + m_1(\omega)\overline{m_1(\omega+\pi)} = 0. \tag{3.101}$$

$$\sum_k (-1)^k (a_k \overline{a_{k-n}} + b_k \overline{b_{k-n}}) = 0, \quad n \in \mathbb{Z}. \tag{3.102}$$

また,$\psi(x)$ の $r-1$ 次までのモーメント (moment) が消えるという条件は

$$\sum_{k=-\infty}^{\infty} k^s b_k = 0, \quad 0 \leq s \leq r-1 \tag{3.103}$$

や

$$\sum_{k=-\infty}^{\infty} (-1)^k k^s a_k = 0, \quad 0 \leq s \leq r-1 \tag{3.104}$$

と同値になる.$s=0$ のときは,(3.71), (3.96) である.

例 3.7 (1) シャノンウェーブレットの場合,ローパスフィルタ $m_0(\omega)$ は $\chi_{[-\pi/2,\pi/2]}(\omega)$ を 2π 周期化したもの (不連続関数,図 3.5) であった.ローパスフィルタ係数 $\{a_k\}_{k\in\mathbb{Z}}$ は 2π 周期関数 $m_0(-\omega)$ をフーリエ級数展開したときの係数で,

$$a_k = \frac{1}{2}\operatorname{sinc}\left(\frac{k}{2}\right) = \begin{cases} \dfrac{1}{2}, & k=0, \\ 0, & k=2m \neq 0:0 \text{ 以外の偶数}, \\ \dfrac{(-1)^m}{(2m+1)\pi}, & k=2m+1:\text{奇数} \end{cases} \tag{3.105}$$

3.4 スケーリング関数からウェーブレット関数へ

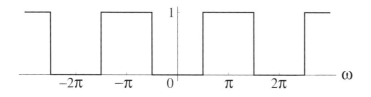

図 3.8 シャノンの場合の $|m_1(\omega)|$

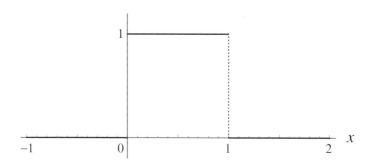

図 3.9 ハールのスケーリング関数 $\varphi_{\mathrm{Ha}}(x)$

である．また，ハイパスフィルタ $m_1(\omega)$ は $e^{-i\omega/2}\chi_{[-\pi,-\pi/2]\cup[\pi/2,\pi]}(\omega)$ を 2π 周期化したもの（図 3.8）となる．これは (3.87) で $\mu(\omega) = 1$ ととっていることになる．このとき $\pi \leq \omega \leq 3\pi/2$ では $e^{-i(\omega-2\pi)/2} = -e^{-i\omega}$ となり，$\omega = \pi$ で不連続になっていることに注意してほしい．$\omega = (2k-1)\pi$ $(k \in \mathbb{Z})$ でも同様である．

任意の $b \in \mathbb{R}$ に対して，$e^{ib\omega}\chi_{[-2\pi,-\pi]\cup[\pi,2\pi]}(\omega)$ を 2π 周期化したものを $\mu_b(\omega)$ とするとき，$\mu(\omega)$ として $\mu_b(\omega)$ をとると，$\psi_{\mathrm{Sh}}(x+b)$ もウェーブレット関数になることがわかる．注意 3.5 (2) の $\widetilde{\psi_{\mathrm{Sh}}}(x) = \psi_{\mathrm{Sh}}(x+1/2)$ は $b = 1/2$ の場合で，$e^{i\omega/2}\chi_{[-2\pi,-\pi]\cup[\pi,2\pi]}$ を 2π 周期化したものを $\mu(\omega)$ ととっていることになる．ただし任意の $b \in \mathbb{R}$ だけ平行移動してもまたウェーブレット関数になるのは，シャノンウェーブレットの特性であり，一般のウェーブレット関数では成り立たない．

(2) 例 3.2 で見たハール (Haar) のウェーブレットに対するスケーリング関数 $\varphi_{\mathrm{Ha}}(x)$ は

$$\varphi_{\mathtt{Ha}}(x) = \begin{cases} 1, & 0 < x < 1, \\ 0, & その他 \end{cases} \tag{3.106}$$

で定義される (図 3.9)．関数 f のレベル j の近似 $f_j(x) = \sum_{k=-\infty}^{\infty} c_{j,k}\varphi_{\mathtt{Ha}}(2^j x - k)$ は幅が 2^{-j} の各区間上で定数となる関数であり，$[k2^{-j}, (k+1)2^{-j}]$ $(k \in \mathbb{Z})$ 上の値は

$$\begin{aligned} c_{j,k} &= 2^{j/2}\langle(\varphi_{\mathtt{Ha}})_{j,k}, f\rangle = 2^j \int_{-\infty}^{\infty} \varphi_{\mathtt{Ha}}(2^j x - k)f(x)\,dx \\ &= 2^j \int_{k2^{-j}}^{(k+1)2^{-j}} f(x)\,dx \end{aligned} \tag{3.107}$$

となる．これはこの区間における $f(x)$ の平均となっている．

この場合 $a_k = \dfrac{1}{2}$ $(k=0,1)$, $a_k = 0$ $(k \neq 0, 1)$ とすると (3.35) が成り立ち，$b_0 = \dfrac{1}{2}$, $b_1 = -\dfrac{1}{2}$, $b_k = 0$ $(k \neq 0, 1)$ とすると，(3.91) が成り立つ．これは $\mu(\omega) = -1$, $b_k = (-1)^k a_{1-k}$ としたことになっている．

まとめ 3.4

ウェーブレット方程式：

$$\psi(x) = \sum_{k=-\infty}^{\infty} 2b_k \varphi(2x - k), \qquad \widehat{\psi}(2\omega) = m_1(\omega)\widehat{\varphi}(\omega). \quad (3.91, 3.88)$$

$$m_1(\omega) = \sum_{k=-\infty}^{\infty} b_k e^{-ik\omega} : ハイパスフィルタ. \tag{3.90}$$

b_k $(k \in \mathbb{Z})$: ハイパスフィルタ係数．

$\pm$ と $l \in \mathbb{Z}$ のとり方を決めて $b_k = \pm(-1)^k \overline{a_{2l+1-k}}$, $\quad k \in \mathbb{Z}$. (3.93)

フィルタの性質：(3.96)～(3.104)．

3.5 分解アルゴリズムと再構成アルゴリズム

3.5.1 分解と再構成

シャノンの場合と同様に一般の場合も，§3.4.2 で述べたように，スケーリング関数からウェーブレット関数を作ることができ，関数 $f \in L^2(\mathbb{R})$ に対して，$\{\varphi_{j,k}\}_{k\in\mathbb{Z}}$ で展開できるレベル j の近似 $f_j(x)$ は，$\{\varphi_{j-1,k}\}_{k\in\mathbb{Z}}$ で展開できるレベル $j-1$ の近似 $f_{j-1}(x)$ と $\{\psi_{j-1,k}\}_{k\in\mathbb{Z}}$ で展開できるレベル $j-1$ の詳細 $g_{j-1}(x)$ とに直交分解できる．

$$f_j(x) = f_{j-1}(x) + g_{j-1}(x). \tag{3.108}$$

ここで $f_{j-1} \perp \psi_{j-1,k}$ $(k\in\mathbb{Z})$, $g_{j-1} \perp \varphi_{j-1,k}$ $(k\in\mathbb{Z})$ である．(3.108) は直交分解なので，レベル j の近似 $f_j(x)$ のエネルギーは，一つ下のレベルの近似 $f_{j-1}(x)$ のエネルギーと，詳細部分 $g_{j-1}(x)$ のエネルギーの和となる．すなわち

$$\|f_j\|^2 = \|f_{j-1}\|^2 + \|g_{j-1}\|^2 \tag{3.109}$$

が成り立つ．

$$f_j(x) = \sum_{k=-\infty}^{\infty} c_{j,k}\,\varphi_{j,k}(x), \tag{3.110}$$

$$f_{j-1}(x) = \sum_{k=-\infty}^{\infty} c_{j-1,k}\,\varphi_{j-1,k}(x), \tag{3.111}$$

$$g_{j-1}(x) = \sum_{k=-\infty}^{\infty} d_{j-1,k}\,\psi_{j-1,k}(x) \tag{3.112}$$

と展開したとき，レベル j の近似係数列 $\boldsymbol{c}_j = \{c_{j,k}\}_{k\in\mathbb{Z}}$ から一つ下がったレベルの近似係数列 $\boldsymbol{c}_{j-1} = \{c_{j-1,k}\}_{k\in\mathbb{Z}}$ および詳細係数列 $\boldsymbol{d}_{j-1} = \{d_{j-1,k}\}_{k\in\mathbb{Z}}$ が決まる．詳しくは，

$$c_{j-1,\ell} = \sqrt{2} \sum_{k=-\infty}^{\infty} \overline{a_{k-2\ell}}\,c_{j,k}, \tag{3.113}$$

$$d_{j-1,\ell} = \sqrt{2} \sum_{k=-\infty}^{\infty} \overline{b_{k-2\ell}}\,c_{j,k} \tag{3.114}$$

となる．これをレベル j からレベル $j-1$ への**分解アルゴリズム**という．

数列 $\boldsymbol{x} = \{x_k\}_{k\in\mathbb{Z}}$ に対して $\|\boldsymbol{x}\|^2 = \sum_{k=-\infty}^{\infty} |x_k|^2$ を $\boldsymbol{x}$ の**エネルギー** (energy) とよぶと，$\boldsymbol{c}_j$ のエネルギーは，$\boldsymbol{c}_{j-1}$ のエネルギーと $\boldsymbol{d}_{j-1}$ のエネルギーとに配分される．すなわち，(3.109) 同様，

$$\|\boldsymbol{c}_j\|^2 = \|\boldsymbol{c}_{j-1}\|^2 + \|\boldsymbol{d}_{j-1}\|^2 \tag{3.115}$$

となる．これは $\|f_j\|^2 = \|\boldsymbol{c}_j\|^2$，$\|f_{j-1}\|^2 = \|\boldsymbol{c}_{j-1}\|^2$，$\|g_{j-1}\|^2 = \|\boldsymbol{d}_{j-1}\|^2$ により (3.109) そのものである．

逆に，二つの係数列 $\boldsymbol{c}_{j-1} = \{c_{j-1,k}\}_{k\in\mathbb{Z}}$，$\boldsymbol{d}_{j-1} = \{d_{j-1,k}\}_{k\in\mathbb{Z}}$ から係数列 $\boldsymbol{c}_j = \{c_{j,k}\}_{k\in\mathbb{Z}}$ が次のように決まる．

$$c_{j,k} = \sqrt{2}\sum_{\ell} a_{k-2\ell}\, c_{j-1,\ell} + \sqrt{2}\sum_{\ell} b_{k-2\ell}\, d_{j-1,\ell}. \tag{3.116}$$

この式をレベル $j-1$ からレベル j への**再構成アルゴリズム**という．

離散ウェーブレット変換

分解アルゴリズムにより，数列 $\boldsymbol{c}_j = \{c_{j,k}\}_k$ に二つの数列 $\boldsymbol{d}_{j-1} = \{d_{j-1,\ell}\}_\ell$，$\boldsymbol{c}_{j-1} = \{c_{j-1,\ell}\}_\ell$ を対応させる写像 $\boldsymbol{c}_j \longmapsto (\boldsymbol{d}_{j-1}, \boldsymbol{c}_{j-1})$ を**離散ウェーブレット変換** (discrete wavelet transform) という．

逆離散ウェーブレット変換

再構成アルゴリズムにより，二つの数列 $\boldsymbol{d}_{j-1} = \{d_{j-1,\ell}\}_\ell$，$\boldsymbol{c}_{j-1} = \{c_{j-1,\ell}\}_\ell$ に数列 $\boldsymbol{c}_j = \{c_{j,k}\}_k$ を対応させる写像 $(\boldsymbol{d}_{j-1}, \boldsymbol{c}_{j-1}) \longmapsto \boldsymbol{c}_j$ を**逆離散ウェーブレット変換** (inverse discrete wavelet transform) という．

どちらも数列の変換としてはレベル j によらない変換である．

分解アルゴリズムと再構成アルゴリズムを示すために，まず，2 スケール方程式 (3.35) とウェーブレット方程式 (3.91) を用いて次の関係式を示そう．

$$\varphi_{j-1,k}(x) = \sqrt{2}\sum_{\ell} a_\ell\, \varphi_{j,2k+\ell}(x), \tag{3.117}$$

3.5 分解アルゴリズムと再構成アルゴリズム

$$\psi_{j-1,k}(x) = \sqrt{2}\sum_{\ell} b_\ell\, \varphi_{j,2k+\ell}(x). \tag{3.118}$$

一つ目の式は (3.35) を用いて

$$\varphi_{j-1,k}(x) = 2^{(j-1)/2}\varphi(2^{j-1}x - k) \tag{3.119}$$

$$= 2^{(j-1)/2}2\sum_{\ell} a_\ell \varphi(2(2^{j-1}x - k) - \ell) \tag{3.120}$$

$$= 2^{j/2}\sqrt{2}\sum_{\ell} a_\ell \varphi(2^j x - 2k - \ell) = \sqrt{2}\sum_{\ell} a_\ell \varphi_{j,2k+\ell}(x) \tag{3.121}$$

として導出される．二つ目も同様に (3.91) を用いて示すことができる．

これらを使って分解アルゴリズム (3.113) を示そう．$f_j(x) = f_{j-1}(x) + g_{j-1}(x)$ において $g_{j-1} \perp \varphi_{j-1,\ell}$ ($\ell \in \mathbb{Z}$) なので

$$c_{j-1,\ell} = \langle \varphi_{j-1,\ell}, f_{j-1}\rangle = \langle \varphi_{j-1,\ell}, f_j\rangle = \left\langle \sqrt{2}\sum_{k} a_k\, \varphi_{j,2\ell+k}\, ,\, f_j \right\rangle \tag{3.122}$$

$$= \sqrt{2}\sum_{k} \overline{a_k}\langle \varphi_{j,2\ell+k}, f_j\rangle = \sqrt{2}\sum_{k}\overline{a_k}\, c_{j,2\ell+k} \tag{3.123}$$

$$= \sqrt{2}\sum_{k}\overline{a_{k-2\ell}}\, c_{j,k} \tag{3.124}$$

となる．(3.114) も同様に示せる．

最後に，再構成アルゴリズム (3.116) を導こう．$f_j(x) = f_{j-1}(x) + g_{j-1}(x)$ なので

$$c_{j,k} = \langle \varphi_{j,k}, f_j\rangle = \langle \varphi_{j,k}, f_{j-1}\rangle + \langle \varphi_{j,k}, g_{j-1}\rangle \tag{3.125}$$

$$= \left\langle \varphi_{j,k}, \sum_{\ell} c_{j-1,\ell}\, \varphi_{j-1,\ell} \right\rangle + \left\langle \varphi_{j,k}, \sum_{\ell} d_{j-1,\ell}\, \psi_{j-1,\ell} \right\rangle \tag{3.126}$$

$$= \sum_{\ell} c_{j-1,\ell}\langle \varphi_{j,k}, \varphi_{j-1,\ell}\rangle + \sum_{\ell} d_{j-1,\ell}\langle \varphi_{j,k}, \psi_{j-1,\ell}\rangle \tag{3.127}$$

となるが，ここで (3.117), (3.118) と $\{\varphi_{j,k}\}_k$ が正規直交系であることにより

$$= \sum_\ell c_{j-1,\ell} \left\langle \varphi_{j,k}, \sqrt{2} \sum_n a_n \, \varphi_{j,2\ell+n} \right\rangle$$
$$+ \sum_\ell d_{j-1,\ell} \left\langle \varphi_{j,k}, \sqrt{2} \sum_n b_n \, \varphi_{j,2\ell+n} \right\rangle \tag{3.128}$$
$$= \sqrt{2} \sum_{n,\ell} a_n \, c_{j-1,\ell} \langle \varphi_{j,k}, \varphi_{j,2\ell+n} \rangle$$
$$+ \sqrt{2} \sum_{n,\ell} b_n \, d_{j-1,\ell} \langle \varphi_{j,k}, \varphi_{j,2\ell+n} \rangle \tag{3.129}$$
$$= \sqrt{2} \sum_\ell a_{k-2\ell} \, c_{j-1,\ell} + \sqrt{2} \sum_\ell b_{k-2\ell} \, d_{j-1,\ell} \tag{3.130}$$

となる．

3.5.2 実際のデータ解析

上で述べたことは，以下のようにまとめられる．

与えられた関数 $f(x)$ があると，十分大きな $j = J$ に対して，$\varphi_{J,k}(x)$ によって (3.110) の形に展開できる関数 $f_J(x) = \sum_k \langle \varphi_{J,k}, f \rangle \varphi_{J,k}(x)$ で $f(x)$ を近似し，それを (3.108) によって，下のレベルの近似と詳細に逐次直交分解していくことができる．その際に展開係数 c_j, d_j に着目すれば，分解アルゴリズム (3.113), (3.114) で計算していくことができる．

実際のデータ解析では，与えられるのは有限列 $\boldsymbol{x} = \{x_k\}_k$ である．シャノンウェーブレットの場合は，$(\varphi_{\mathrm{Sh}})_{j,l}(k2^{-j}) = 2^{j/2}\varphi_{\mathrm{Sh}}\bigl(2^j(k2^{-j}) - l\bigr) = 2^{j/2}\varphi_{\mathrm{Sh}}(k-l) = 2^{j/2}\delta_{k,l}$ となり

$$(\varphi_{\mathrm{Sh}})_{j,l}(k2^{-j}) = 2^{j/2}\delta_{k,l}, \qquad j,k,l \in \mathbb{Z} \tag{3.131}$$

なので，$c_{J,l} = 2^{-J/2} x_l \ (l \in \mathbb{Z})$ とおいて $f_J(x) = \sum_l c_{J,l}(\varphi_{\mathrm{Sh}})_{J,l}(x)$ を定めると，

$$f_J(2^{-J}k) = \sum_l c_{J,l}(\varphi_{\mathrm{Sh}})_{J,l}(k2^{-J}) = x_k \tag{3.132}$$

となる.すなわち $f_J(x)$ は与えられたデータ列 x を補間する関数である.したがって,与えられたデータ列 x に対して,適当に J を定めて($J=0$ としてしまってもよい[19]）

$$c_{J,k} = 2^{-J/2} x_k \quad \text{またはもっと単純に} \quad c_{J,k} = x_k, \quad k \in \mathbb{Z} \qquad (3.133)$$

とおき,これから分解アルゴリズムで分解していけばよい.

シャノンウェーブレット以外では普通,(3.131) のような性質は成り立たないので,与えられたデータ列をきちんと補間して $f_J(x)$ を作るのはややこしいが,上と同様に (3.133) とおいて解析していってもよいことが経験的に知られている.結局,$f_j(x)$ や $g_j(x)$ はおろか $\varphi(x)$ や $\psi(x)$ も意識せず,分解アルゴリズム (3.113), (3.114) と再構成アルゴリズム (3.116) のみを考えればいいのである.(3.133) とおいてもよいことの一つの理論的根拠は,適当な仮定(たとえば $\int_{-\infty}^{\infty} |x||\varphi(x)|\,dx < \infty$ であって,$f_J(x)$ は微分可能かつ $f_J'(x)$ は有界)の下で,$f_J(x) = \sum_k c_{J,k} \varphi_{J,k}(x)$ のとき,

$$f_J(2^{-J}k) - 2^{J/2} c_{J,k} \to 0, \quad J \to \infty \qquad (3.134)$$

となることである.実際

$$c_{J,k} = \langle \varphi_{J,k}, f_J \rangle = \int_{-\infty}^{\infty} \overline{\varphi_{J,k}(x)} f_J(x)\,dx \qquad (3.135)$$

$$= 2^{J/2} \int_{-\infty}^{\infty} \overline{\varphi(2^J x - k)} f_J(x)\,dx \qquad (3.136)$$

$$= 2^{-J/2} \int_{-\infty}^{\infty} \overline{\varphi(y)} f_J(2^{-J}(y+k))\,dy \qquad (3.137)$$

なので,$\int_{-\infty}^{\infty} \varphi(y)\,dy = 1$ より,

$$|f_J(2^{-J}k) - 2^{J/2} c_{J,k}| \qquad (3.138)$$

$$\leq \int_{-\infty}^{\infty} |\varphi(y)|\,|f_J(2^{-J}y + 2^{-J}k)) - f_J(2^{-J}k)|\,dy \qquad (3.139)$$

$$\leq \int_{-\infty}^{\infty} |\varphi(y)|\,2^{-J}|y|\,\{\max_x |f_J'(x)|\}\,dy \qquad (3.140)$$

---

[19] 第 4 章ではそうしている.

$$\to 0, \quad J \to \infty \tag{3.141}$$

となる.

3.5.3 フィルタについて

先に述べたように分解アルゴリズム (3.113) において,

$$\boldsymbol{c}_j = \{c_{j,k}\}_{k\in\mathbb{Z}} \longmapsto \boldsymbol{c}_{j-1} = \{c_{j-1,k}\}_{k\in\mathbb{Z}} \tag{3.142}$$

という数列の変換は,

$$\boldsymbol{c}_j = \{c_{j,k}\}_k \longmapsto \boldsymbol{u}_{j-1} = \{u_{j-1,k}\}_k,$$
$$u_{j-1,k} = \sqrt{2}\sum_{\ell=-\infty}^{\infty}\overline{a_{\ell-k}}c_{j,\ell} \tag{3.143}$$

という変換と

$$\boldsymbol{u}_{j-1} \longmapsto \boldsymbol{c}_{j-1}, \quad c_{j-1,k} = u_{j-1,2k} \tag{3.144}$$

という変換とに分けることができる[20]. 前者の変換は,

$$\boldsymbol{x} = \{x_k\}_k \longmapsto \boldsymbol{f}*\boldsymbol{x} = \left\{\sum_{\ell=-\infty}^{\infty} f_{k-\ell}x_\ell\right\}_k \tag{3.145}$$

という形をしている ($f_k = \sqrt{2}\,\overline{a_{-k}}$). このような形の数列の変換を一般に, 「$\boldsymbol{f} = \{f_n\}_n$ を係数列とするディジタルフィルタ」, 略して「**フィルタ** (filter)」とよぶ. また, 数列 $\boldsymbol{f}*\boldsymbol{x}$ を二つの数列 $\boldsymbol{f}$ と $\boldsymbol{x}$ との**畳み込み** (convolution), または離散畳み込みとよぶ. $\boldsymbol{f}*\boldsymbol{x} = \boldsymbol{x}*\boldsymbol{f}$ である.

ここで数列 $\boldsymbol{x} = \{x_k\}_{k\in\mathbb{Z}}$ のフーリエ変換

$$\widehat{\boldsymbol{x}}(\omega) = \sum_{k=-\infty}^{\infty} x_k e^{-ik\omega} \tag{3.146}$$

を考えると, $\widehat{\boldsymbol{f}*\boldsymbol{x}}(\omega) = \widehat{\boldsymbol{f}}(\omega)\widehat{\boldsymbol{x}}(\omega)$ となり. 元の数列 $\boldsymbol{x}$ の各周波数成分ごとに何倍か ($\widehat{\boldsymbol{f}}(\omega)$ 倍) していることになる. これが $\boldsymbol{x} \longmapsto \boldsymbol{f}*\boldsymbol{x}$ という変換をフィルタとよぶ理由である[21].

---

[20] 詳しいことは第 4 章で述べる.
[21] たとえば赤色のみを通すフィルタは, 赤色以外の振動数の光には 0 を掛け, 赤色の振動数の光には 1 を掛けるという操作をおこなうわけである.

3.5 分解アルゴリズムと再構成アルゴリズム

今の場合, 分解アルゴリズム (3.113) に現れるフィルタは

$$\widehat{u_{j-1}}(\omega) = \sqrt{2}\left(\sum_{k=-\infty}^{\infty} \overline{a_k} e^{ik\omega}\right)\widehat{c_{j-1}}(\omega) = \sqrt{2}\,\overline{m_0(\omega)}\,\widehat{c_{j-1}}(\omega) \quad (3.147)$$

となっている. 同様に分解アルゴリズム (3.114) において, 変換

$$\boldsymbol{c}_j = \{c_{j,k}\}_k \longmapsto \boldsymbol{d}_{j-1} = \{d_{j-1,k}\}_k \quad (3.148)$$

は,

$$\boldsymbol{c}_j = \{c_{j,k}\}_k \longmapsto \boldsymbol{v}_{j-1} = \{v_{j-1,k}\}_k, \\ v_{j-1,k} = \sqrt{2}\sum_{\ell=-\infty}^{\infty} \overline{b_{\ell-k}}\, c_{j,\ell} \quad (3.149)$$

というフィルタと

$$\boldsymbol{v}_{j-1} \longmapsto \boldsymbol{d}_{j-1}, \quad d_{j-1,k} = v_{j-1,2k} \quad (3.150)$$

という変換に分けることができ, $\widehat{v_{j-1}}(\omega) = \sqrt{2}\,\overline{m_1(\omega)}\,\widehat{c_{j-1}}(\omega)$ となっている.

ここで, $m_0(\omega)$ は, $\omega = 0$ の近く (低周波領域) で 1 に近く, $\omega = \pm\pi$ の近く (高周波領域) で 0 に近い. このようなフィルタは周波数の低い成分のみを通過させるため, **ローパスフィルタ** (low-pass filter) とよばれる. またこれが §3.3.1 で a_k をローパスフィルタ係数とよび, $m_0(\omega)$ を $\varphi(x)$ に付随したローパスフィルタとよんだ理由でもある. 同様に $m_1(\omega)$ は $\omega = 0$ の近く (低周波領域) で 0 に近く, $\omega = \pm\pi$ の近く (高周波領域) で絶対値が 1 に近いので, **ハイパスフィルタ** (high-pass filter) とよばれる.

注意 3.8 フィルタという言葉は (分野によって) いろいろなものを指すのに用いられる. ここでは $\boldsymbol{x} \longmapsto \boldsymbol{f} * \boldsymbol{x}$ という特別な形[22]の「数列を数列に写す変換」をフィルタとよんだが, フィルタ係数列 $\boldsymbol{f}$ から決まる $\widehat{f}(\omega)$ という 2π 周期関数をフィルタとよぶことも多い. §3.3.1 で $m_0(\omega)$ をフィル

---
[22] シフト不変な線形変換がちょうどこの形の変換になる.

タとよんだのはこの流儀である．また，本書では使わないが，信号解析の分野では $\boldsymbol{f}$ の Z 変換 $F(z) = \sum_{k=-\infty}^{\infty} f_k z^{-k}$ をフィルタとよぶこともある．$F(e^{i\omega}) = \widehat{\boldsymbol{f}}(\omega)$ である．

まとめ 3.5

レベル j の近似の直交分解：$f_j(x) = f_{j-1}(x) + g_{j-1}(x)$

$$f_j(x) = \sum_{k=-\infty}^{\infty} c_{j,k}\, \varphi_{j,k}(x), \tag{3.110}$$

$$f_{j-1}(x) = \sum_{k=-\infty}^{\infty} c_{j-1,k}\, \varphi_{j-1,k}(x), \tag{3.111}$$

$$g_{j-1}(x) = \sum_{k=-\infty}^{\infty} d_{j-1,k}\, \psi_{j-1,k}(x). \tag{3.112}$$

分解アルゴリズム：

$$c_{j-1,k} = \sqrt{2}\sum_{\ell} \overline{a_{\ell-2k}}\, c_{j,\ell}, \quad d_{j-1,k} = \sqrt{2}\sum_{\ell} \overline{b_{\ell-2k}}\, c_{j,\ell}. \tag{3.113, 3.114}$$

再構成アルゴリズム：

$$c_{j,k} = \sqrt{2}\sum_{\ell} a_{k-2\ell}\, c_{j-1,\ell} + \sqrt{2}\sum_{\ell} b_{k-2\ell}\, d_{j-1,\ell}. \tag{3.116}$$

$$\|\boldsymbol{c}_j\|^2 = \|\boldsymbol{c}_{j-1}\|^2 + \|\boldsymbol{d}_{j-1}\|^2. \tag{3.115}$$

フィルタ： $\boldsymbol{x} = \{x_k\}_k \mapsto \boldsymbol{f} * \boldsymbol{x} = \left\{\sum_{\ell} f_{k-\ell} x_{\ell}\right\}_k. \tag{3.145}$

3.6 なめらかさと局在性

ウェーブレット関数は，できるだけなめらかで，かつ局在しているものが望ましいが，この二つの性質を同時に満たすことには限界がある．特に C^∞ 級

でかつサポートが有界な正規直交ウェーブレット関数は存在しないことが証明されている．ハールのウェーブレットとシャノンのウェーブレットは，これらの性質の一方を強調したウェーブレットであることに注意しよう．ハールは，サポートの長さが 1 しかないのでとても局在しているが，連続ですらない．一方，シャノンのウェーブレットは，C^∞ 級であるだけでなく実解析的な，つまりとてもなめらかな関数になるが，無限遠での減衰は非常に悪く，

$$\int_{-\infty}^{\infty} |\psi(x)|\, dx = \infty \tag{3.151}$$

となってしまう（可積分でない）．

シャノンウェーブレットを改良して，なめらかさは保ったまま局在性を良くしたものが，次節で見るメイエのウェーブレットである．このウェーブレットはやはり実解析的な実数値関数になり，サポートは無限に広がっているものの，すべての導関数が急減少する．ここで，関数 $f(x)$ が**急減少** (rapidly decreasing) するとは，どのような多項式をかけても $|x| \to \infty$ で $f(x)$ が 0 に収束することである．つまりサポートは無限に広いが $|x| \to \infty$ の際の関数の減少はどんな多項式の逆数よりも速い．

次々節ではサポートが有界になる直交ウェーブレットの典型的な例であるドブシィウェーブレット $_N\psi(x)$ ($N \in \mathbb{N}$) を紹介する．ドブシィウェーブレットは自然数の番号 N ごとに決まる一群の実数値直交ウェーブレットであり，$N=1$ のときはハールウェーブレットと一致する．上で述べたように，サポートが有界だから C^∞ 級にはなりえない．ドブシィウェーブレットは番号 N が大きくなるにつれて，サポートは広がり，よりなめらかになっていく．コンパクトサポートではあるが，ハールウェーブレットに比べサポートの幅は広い．その代わりになめらかさを向上させたウェーブレットとなっている．

主なウェーブレットのなめらかさと局在性の様子を表 3.2 に示しておく．大まかな概念的な図を描くと図 3.10 のようになる．

実は，なめらかさと消失モーメント条件には，密接な関係があり，次の定理が成り立つ．

表 3.2 主なウェーブレットのなめらかさと局在性（消失モーメントの個数）

	ψ の局在性	$\widehat{\psi}$ の局在性	なめらかさ	消失モーメント
ハール（ドブシィ 1）	有界サポート（幅 1）	$\notin L^1(\mathbb{R})$	不連続	1
ドブシィ N	有界サポート（幅 $2N-1$）		$C^{\alpha(N)}$ 級 (*)	N
メイエ	急減少	有界サポート	実解析的	∞
シャノン	$\notin L^1(\mathbb{R})$	有界サポート	実解析的	(∞) (**)

($*\ \alpha(N) \to \infty\ (N \to \infty)$, $**$ 脚注 18 参照)

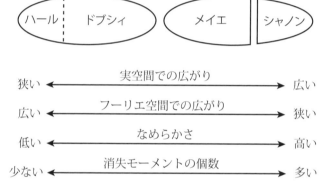

図 3.10 主なウェーブレットのなめらかさと局在性の概念図

─ なめらかさと消失モーメント ──────────

r を正整数とする．ウェーブレット関数 $\psi \in L^2(\mathbb{R})$ が以下の 3 条件を満たすとすると，$\psi(x)$ の $r-1$ 次までの r 個のモーメントはすべて 0 である．
(i) $\psi \in C^{r-1}(\mathbb{R})$.
(ii) $m = 0, 1, \ldots, r-1$ に対して $\psi^{(m)}(x)$ は有界関数.
(iii) ある $C > 0, \epsilon > 0$ があって
$$|\psi(x)| \leq \frac{C}{(1+|x|)^{r+\epsilon}}, \quad x \in \mathbb{R}. \tag{3.152}$$

まとめ 3.6

ウェーブレット関数では，なめらかさと局在性を同時に成り立たせることには限界がある．特に無限回微分可能でコンパクトサポートをもつウェーブレット関数は存在しない．

ウェーブレット関数は，なめらかで速く減衰するほど多くの消失モーメントをもつ．

3.7 メイエ (Meyer) のウェーブレット

メイエ (Y. Meyer) は，C^∞ 級ですべての導関数[23)]が急減少する正規直交ウェーブレット関数 $\psi_{\text{Me}}(x)$ を構成した（図 3.11）．これがメイエのウェーブレットである[24)]．サポートは無限に広がっているが，急減少関数であるため，積分など実際の計算では，ある程度大きな $|x|$ で打ち切ることが可能である．シャノンのスケーリング関数やウェーブレット関数では，それらのフーリエ変換が不連続になっている（図 3.4, 図 3.6）が，メイエのウェーブレットのフーリエ変換は，無限回微分可能となっている．

メイエのウェーブレットの構成もスケーリング関数の構成から行う．スケーリング関数 $\varphi_{\text{Me}}(x)$ は，$\widehat{\varphi_{\text{Me}}}(\omega)$ が C^∞ 級で，

$$\widehat{\varphi_{\text{Me}}}(\omega) \geq 0, \quad \widehat{\varphi_{\text{Me}}}(\omega) \text{ は偶関数}, \tag{3.153}$$

$$\text{supp}\, \widehat{\varphi_{\text{Me}}} \subset [-\frac{4}{3}\pi, \frac{4}{3}\pi], \tag{3.154}$$

$$\widehat{\varphi_{\text{Me}}}(\omega) = 1, \quad |\omega| \leq \frac{2}{3}\pi, \tag{3.155}$$

$$|\widehat{\varphi_{\text{Me}}}(\pi+\omega)|^2 + |\widehat{\varphi_{\text{Me}}}(\pi-\omega)|^2 = 1, \quad |\omega| \leq \frac{\pi}{3} \tag{3.156}$$

を満たすようにとる（図 3.12, 3.13）．こうとると，$\varphi_{\text{Me}}(x)$ はスケーリング関数となる（詳細は省略）．これはシャノンのスケーリング関数のフーリエ変換 $\widehat{\varphi_{\text{Sh}}}(\omega)$（図 3.4）をなめらかになるように修正したものに相当する．このと

[23)] 0 次の導関数，すなわち $\psi(x)$ 自身も含む．
[24)] ルマリエ-メイエのウェーブレット (Lemarié-Meyer wavelet) とよばれることもある．

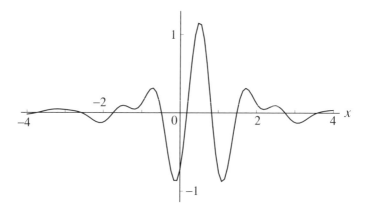

図 3.11 メイエのウェーブレット関数 $\psi_{\text{Me}}(x)$

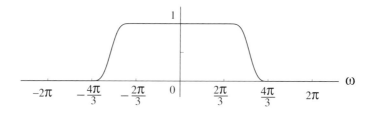

図 3.12 メイエのスケーリング関数のフーリエ変換 $\widehat{\varphi_{\text{Me}}}(\omega)$

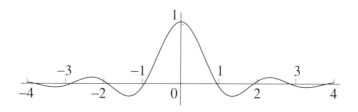

図 3.13 メイエのスケーリング関数 $\varphi_{\text{Me}}(x)$

き，$\varphi_{\text{Me}}(x)$ は実数値の実解析的関数で，すべての導関数が急減少する[25]．

$\widehat{\varphi_{\text{Me}}}(\omega)$ を作ろうとすると，(3.156) を満たすようにとるところで工夫がい

---

[25] 一般に $\widehat{f}(\omega)$ が有界なサポートをもち C^{∞} 級なら $f(x)$ はすべての導関数が急減少する．

3.7 メイエ (Meyer) のウェーブレット

るだろう．$[4]^{26)}$ では，

$$0 \leq \nu(s) \leq 1, \quad s \in \mathbb{R}, \tag{3.157}$$

$$\nu(s) = \begin{cases} 0, & s \leq 0, \\ 1, & s \geq 1, \end{cases} \tag{3.158}$$

$$\nu(s) + \nu(1-s) = 1, \quad s \in \mathbb{R} \tag{3.159}$$

となる $\nu(s)$ をとって（図 3.14 右）

$$\widehat{\varphi_{\texttt{Me}}}(\omega) = \cos\left[\frac{\pi}{2}\nu\left(\frac{3}{2\pi}|\omega|-1\right)\right], \quad \omega \in \mathbb{R} \tag{3.160}$$

ととっている．(3.157)〜(3.158) が成り立てば，(3.160) ととった $\widehat{\varphi_{\texttt{Me}}}(\omega)$ は (3.153)〜(3.156) を満たし，$\nu(s)$ が $\mathbb{R}$ 上 C^n 級なら $\widehat{\varphi_{\texttt{Me}}}(\omega)$ も C^n 級である$^{27)}$．

具体的な C^∞ 級の $\nu(s)$ の作り方として，以下のような例が考えられる．まず $g(t)$ を以下のように定める（図 3.14 左）．

$$g(t) = \begin{cases} \exp\left(-\dfrac{1}{t} - \dfrac{1}{1-t}\right), & 0 < t < 1, \\ 0, & t \leq 0, t \leq 1. \end{cases} \tag{3.161}$$

これは $\mathbb{R}$ 上で C^∞ 級で $g(1-t) = g(t)$ を満たす．

$$\nu(s) = \frac{1}{G_0}\int_0^s g(t)\,dt, \qquad G_0 = \int_0^1 g(t)\,dt \tag{3.162}$$

ととる（図 3.14 右）と，$\nu \in C^\infty(\mathbb{R})$ で，(3.157)〜(3.158) を満たしている．

実際にメイエウェーブレットを使うときは，$\nu(s)$ を C^∞ 級ではなく，有限の n に対する C^n 級にとることも多い．実際，[4] では，

$$g(t) = \begin{cases} t^3(1-t)^3, & 0 < t < 1 \\ 0, & t \leq 0, t \leq 1 \end{cases} \tag{3.163}$$

---

26) 本書とフーリエ変換の定義が少し違う．さらに $\widehat{\varphi_{\texttt{Me}}}(\omega)$ ではなく直接 $\widehat{\psi_{\texttt{Me}}}(\omega)$ を与えている．ここでは本書での定義に合わせて変えてある．

27) §1.4.3 で述べたことの逆にあたるが，$\widehat{\varphi_{\texttt{Me}}}(\omega)$ がなめらかなほど $\varphi_{\texttt{Me}}(x)$ や $\psi_{\texttt{Me}}(x)$ の無限遠での減衰は速くなる．有限の n について $\widehat{\varphi_{\texttt{Me}}}(\omega)$ が C^n 級になれば，$\varphi_{\texttt{Me}}(x), \psi_{\texttt{Me}}(x)$ はどんな n 次以下の多項式をかけても $|x| \to \infty$ で 0 に収束する．C^∞ 級ならすでに述べたように急減少する．

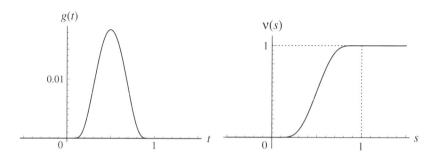

図 3.14 $g(t)$, $\nu(s)$ のグラフ

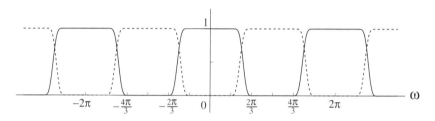

図 3.15 メイエの場合の $m_0(\omega)$ (実線), $|m_1(\omega)| = m_0(\omega + \pi)$ (破線)

として,同様の作り方をしている.この場合,

$$\nu(s) = s^4(35 - 84s + 70s^2 - 20s^3), \quad 0 \leq s \leq 1 \tag{3.164}$$

となり, $0 \leq s \leq 1$ では具体的な 7 次式となる.この $\nu(s)$ は $\mathbb{R}$ 上 C^3 級だが C^4 級ではない.

$m_0(\omega)$ は $\widehat{\varphi_{\mathsf{Me}}}(2\omega)$ を 2π 周期化したもの (図 3.15 の実線) である. $m_1(\omega)$ は (3.87) で $\mu(\omega) = 1$ ととって作る: $m_1(\omega) = e^{-i\omega} m_0(\omega + \pi)$ (図 3.15 の破線). $\widehat{\psi_{\mathsf{Me}}}(\omega)$ は (3.88) で作られる.このとき, $\widehat{\psi_{\mathsf{Me}}}(\omega) = |\widehat{\psi_{\mathsf{Me}}}(\omega)| e^{-i\omega/2}$ であり,

$$b(\omega) = |\widehat{\psi_{\mathsf{Me}}}(\omega)| = m_0(\omega/2 + \pi)\widehat{\varphi_{\mathsf{Me}}}(\omega/2) \tag{3.165}$$

は次を満たしている (図 3.16).

3.7 メイエ (Meyer) のウェーブレット

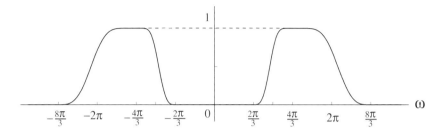

図 3.16 メイエのウェーブレットのフーリエ変換の絶対値 $|\widehat{\psi_{\text{Me}}}(\omega)| = b(\omega)$

$$b(\omega) = \begin{cases} \widehat{\varphi_{\text{Me}}}(2\pi - |\omega|) \\ \quad = \sin\left(\dfrac{\pi}{2}\nu\left(\dfrac{3}{2\pi}|\omega| - 1\right)\right), & \dfrac{2}{3}\pi \leq |\omega| \leq \dfrac{4}{3}\pi, \\ \widehat{\varphi_{\text{Me}}}\left(\dfrac{|\omega|}{2}\right) = \cos\left(\dfrac{\pi}{2}\nu\left(\dfrac{3}{4\pi}|\omega| - 1\right)\right), & \dfrac{4}{3}\pi \leq |\omega| \leq \dfrac{8}{3}\pi, \\ 0, & \text{その他}. \end{cases} \quad (3.166)$$

ここで，二つ目の = 以降の sin, cos による式は $\widehat{\varphi_{\text{Me}}}(\omega)$ を (3.160) ととったときの表現である．さらに $b(\omega)$ は以下を満たしている．

$$b(\omega) \geq 0, \qquad b \text{ は偶関数}, \tag{3.167}$$

$$\operatorname{supp} b \subset \left[-\frac{8}{3}\pi, -\frac{2}{3}\pi\right] \cup \left[\frac{2}{3}\pi, \frac{8}{3}\pi\right], \tag{3.168}$$

$$b(\pi + \omega) = b(2(\pi - \omega)), \quad |\omega| \leq \frac{\pi}{3}, \tag{3.169}$$

$$b(\pi + \omega)^2 + b(\pi - \omega)^2 = 1, \quad |\omega| \leq \frac{\pi}{3}. \tag{3.170}$$

$\psi_{\text{Me}}(x)$ は (3.94) により無限個の消失モーメントをもっている．これはメイエのウェーブレットが無限回微分可能であることの反映でもある．また，$\psi_{\text{Me}}(x)$ は実数値の実解析的関数で，$x = 1/2$ に関して対称である（図 3.11）．対称軸が $x = 0$ でないことに注意しよう．

パーセヴァルの等式 (1.66) と (3.15) により，詳細係数は

$$\begin{aligned} d_{j,k} &= \langle (\psi_{\text{Me}})_{j,k}, f \rangle = \frac{1}{2\pi}\langle \widehat{(\psi_{\text{Me}})_{j,k}}, \widehat{f} \rangle \\ &= \frac{2^{-j/2}}{2\pi}\int_{-2^{j+3}\pi/3}^{2^{j+3}\pi/3} b(2^{-j}\omega)e^{i2^{-j}(k+1/2)\omega}\widehat{f}(\omega)\,d\omega \end{aligned} \tag{3.171}$$

となるので，FFT などを使って $\hat{f}(\omega)$ を計算し $d_{j,k}$ を得ることができる．

他にも有名な直交ウェーブレットとしては，有界なサポートをもつドブシィ (Daubechies) のウェーブレット（あとで詳述），バトル-ルマリエ (Battle-Lemarié) のウェーブレット[28]などがある．

まとめ 3.7

メイエウェーブレットは，C^∞ 級で，サポートは実軸全体だがウェーブレット自身とすべての導関数が $|x| \to \infty$ で急減少する実数値直交ウェーブレットである．

フーリエ変換で定義されていて，FFT などで計算できる．

3.8 ドブシィ (Daubechies) のウェーブレット

本節では，ドブシィウェーブレットについて述べる．このウェーブレットは有界なサポートをもつ直交ウェーブレットである．ドブシィウェーブレットは，直交ウェーブレットの構造が知られたのち，その知見を利用してイングリッド・ドブシィ (Ingrid Daubechies) によって新しく開発された直交ウェーブレットである．それ以前には有界なサポートをもつ直交ウェーブレットはハールウェーブレットしか知られていなかった．

ドブシィウェーブレットは自然数 $N \in \mathbb{N}$ を番号にもつ一群の実数値直交ウェーブレットであり，ウェーブレット関数は普通 $_N\psi(x)$ と書く．サポートは $[-N+1, N]$ であり，ちょうど N 個の消失モーメントをもつ．スケーリング関数 $_N\phi(x)$ のサポートは $[0, 2N-1]$ である．$N=1$ のときは実はハールのウェーブレットと同じなので，ドブシィウェーブレットの仲間に入れないのが普通である．§3.6 で述べたように，サポートが有界で C^∞ 級のウェーブレットは存在しないが，$_N\phi(x)$ と $_N\psi(x)$ は，N が大きくなるにつれてなめらかさが上がっていく．すなわち，$_N\phi(x)$ と $_N\psi(x)$ は $N \geq 2$ なら連続関

---

[28] スプラインで構成され，C^∞ 級ではないが，メイエのウェーブレットより減衰が速く，指数的に減少する．すなわち，$|\psi(x)| \leq Ce^{-k|x|}$ となる正の定数 C, k がある．C^∞ 級で指数的に減少するウェーブレット関数は存在しないことがわかっている．

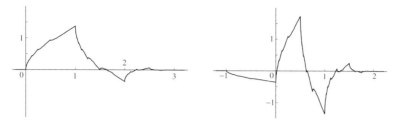

図 3.17　$_2\phi(x)$, $_2\psi(x)$.

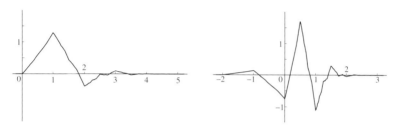

図 3.18　$_3\phi(x)$, $_3\psi(x)$.

数で，

$$_N\phi(x), {}_N\psi(x) \in C^{\alpha(N)}(\mathbb{R}), \qquad \alpha(N) \to \infty \ (N \to \infty) \tag{3.172}$$

となっている．グラフを図 3.17〜3.20 に挙げておく．N が大きくなるにつれて，サポートが広がり，なめらかになっていく様子がわかるだろう．グラフではそうは見えないかもしれないが，$_3\phi(x), {}_3\psi(x)$ は実は C^1 級（導関数も連続）である．

天下り的だが $_N\phi(x), {}_N\psi(x)$ の構成（定義）の概略を述べておこう．

(1) まず，ローパスフィルタ $_Nm_0(\omega)$ を $2N-1$ 次の三角多項式

$$_Nm_0(\omega) = \sum_{k=0}^{2N-1} {}_Na_k e^{-ik\omega} \tag{3.173}$$

の形で作る．係数 $_Na_k$ ($k=0,1,2,\ldots,2N-1$) の正確な求め方は本書の範囲を超えているので省略するが，表 3.3 のような実数である．[4] の表 6.1 で与えられている $_Nh_n$ とは $_Nh_k = \sqrt{2}\,_Na_k$ ($k \in \mathbb{Z}$) の関係にある．

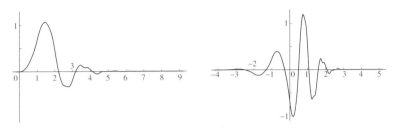

図 3.19 $_5\phi(x)$, $_5\psi(x)$.

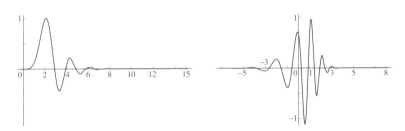

図 3.20 $_8\phi(x)$, $_8\psi(x)$.

(2) 次に，$_Nm_0(\omega)$ から

$$\widehat{_N\phi}(\omega) = \prod_{j=1}^{\infty} {_Nm_0}(2^{-j}\omega) \tag{3.174}$$

なる無限積で，$\widehat{_N\phi}(\omega)$ を作る．これは実は連続な L^2 関数になり，この逆フーリエ変換でスケーリング関数 $_N\phi(x)$ が得られる．

(3) 最後に，

$$\widehat{_N\psi}(\omega) = -e^{-i\omega/2}\overline{_Nm_0(\omega/2+\pi)}\,\widehat{_N\phi}(\omega/2) \tag{3.175}$$

と $\widehat{_N\psi}(\omega)$ を作れば，これの逆フーリエ変換がウェーブレット関数 $_N\psi(x)$ である．これは，(3.87), (3.93) で $\mu(\omega) = -1$, $b_k = (-1)^k a_{1-k}$ ととっていることになる．(3.175) で − を付けない（すなわち $\mu(\omega) = 1$ ととる）ものを $\widehat{_N\psi}(\omega)$ とすることもある．$_N\psi(x)$ の符号が逆になるだけである．

Mathematica の使い方などは第 4 章で詳しく述べるが，表 3.3 のような

3.8 ドブシィ (Daubechies) のウェーブレット

表 3.3 ドブシィウェーブレットの $_N a_k$ ($N = 1, 2, \ldots, 8$).

N	$(_N a_k)_{k=0}^{2N-1}$
1	$(0.5, 0.5)$
2	$(0.3415063509, 0.5915063509, 0.1584936491, -0.0915063509)$
3	$(0.2352336039, 0.5705584579, 0.3251825003, -0.0954672078,$ $-0.0604161042, 0.0249087499)$
4	$(0.1629017140, 0.5054728575, 0.4461000691, -0.0197875131,$ $-0.1322535837, 0.0218081502, 0.0232518005, -0.0074934947)$
5	$(0.1132094913, 0.4269717714, 0.5121634721, 0.0978834807,$ $-0.1713283577, -0.0228005659, 0.0548513293, -0.0044134001,$ $-0.0088959351, 0.0023587140)$
6	$(0.0788712160, 0.3497519070, 0.5311318799, 0.2229156615,$ $-0.1599932994, -0.0917590320, 0.0689440465, 0.0194616049,$ $-0.0223318742, 0.0003916256, 0.0033780312, -0.0007617669)$
7	$(0.0550497154, 0.2803956418, 0.5155742458, 0.3321862411,$ $-0.1017569112, -0.1584175056, 0.0504232325, 0.0570017226,$ $-0.0268912263, -0.0117199708, 0.0088748962, 0.0003037575,$ $-0.0012739524, 0.0002501134)$
8	$(0.0384778111, 0.2212336236, 0.4777430752, 0.4139082662,$ $-0.0111928677, -0.2008293164, 0.0003340970, 0.0910381784,$ $-0.0122819505, -0.0311751033, 0.0098860796, 0.0061844224,$ $-0.0034438596, -0.0002770023, 0.0004776149, -0.0000830686)$

数値を出したければ,

```
WaveletFilterCoefficients[ DaubechiesWavelet[N],
                              WorkingPrecision -> m]
```

において N, m に適切な数値を入れればよい. N は $_N\phi$, $_N\psi$ の添字の番号 N で, m は求めたい数値の有効数字の桁数である.

まとめ 3.8

ドブシィのスケーリング関数とウェーブレット関数: $_N\phi(x)$, $_N\psi(x)$.

$_N\psi(x)$ は N 個の消失モーメントをもつ.

$$\operatorname{supp} {}_N\phi = [0, 2N-1], \quad \operatorname{supp} {}_N\psi = [-N+1, N]. \tag{3.176}$$

$$_N\phi, {}_N\psi \in C^{\alpha(N)}(\mathbb{R}), \quad \alpha(N) \to \infty (N \to \infty). \tag{3.177}$$

> ローパスフィルタ係数 $_N a_k$ は $k = 0, \ldots, 2N-1$ 以外は 0.
> ハイパスフィルタ係数 $_N b_k$ は
> $$_N b_k = (-1)^k {}_N a_{1-k} \ \text{で}, \ k = -2N+2, \ldots, 1 \ \text{以外は 0}.$$

3.9 発展：双直交ウェーブレット

今まで見てきた直交ウェーブレットでは，関数 $f \in L^2(\mathbb{R})$ を

$$f(x) = f_{j_0}(x) + \sum_{j=j_0}^{\infty} g_j(x), \tag{3.178}$$

$$f_j(x) = \sum_{k=-\infty}^{\infty} \langle \varphi_{j,k}, f \rangle \varphi_{j,k}(x), \tag{3.179}$$

$$g_j(x) = \sum_{k=-\infty}^{\infty} \langle \psi_{j,k}, f \rangle \psi_{j,k}(x) \tag{3.180}$$

と分解していた．スケーリング関数 $\varphi(x)$ があればウェーブレット関数 $\psi(x)$ が作れるが，スケーリング関数となるための条件が厳しいため，望むようなスケーリング関数を自由に作ることは難しい．そこでこの制約をもっとゆるめようと考えられたのが**双直交ウェーブレット** (biorthogonal wavelet) である．双直交ウェーブレットでは，展開係数を積分で求めるときに使う関数 $\varphi(x)$, $\psi(x)$ と展開に用いる関数 $\widetilde{\varphi}(x)$, $\widetilde{\psi}(x)$ を別のものでもよいとして

$$f(x) = f_{j_0}(x) + \sum_{j=j_0}^{\infty} g_j(x), \tag{3.181}$$

$$f_j(x) = \sum_{k=-\infty}^{\infty} \langle \varphi_{j,k}, f \rangle \widetilde{\varphi}_{j,k}(x), \tag{3.182}$$

$$g_j(x) = \sum_{k=-\infty}^{\infty} \langle \psi_{j,k}, f \rangle \widetilde{\psi}_{j,k}(x) \tag{3.183}$$

と考えるのである．~のついていない方を**プライマル** (primal)，ついている方を**デュアル** (dual) とよぶ．primal, dual の代わりに primary, secondary を

3.9 発展:双直交ウェーブレット

使うこともある.$\psi(x)$ と $\widetilde{\psi}(x)$ は次の意味で双直交である.

$$\langle \psi_{j_1,k_1}, \widetilde{\psi}_{j_2,k_2} \rangle = \delta_{j_1,j_2}\delta_{k_1,k_2}, \qquad j_1,j_2,k_1,k_2 \in \mathbb{Z}. \tag{3.184}$$

また,$\varphi(x)$ と $\widetilde{\varphi}(x)$ は次の意味で双直交である.

$$\langle \varphi_{0,k_1}, \widetilde{\varphi}_{0,k_2} \rangle = \delta_{k_1,k_2}, \qquad k_1,k_2 \in \mathbb{Z}. \tag{3.185}$$

さらに,$\varphi \perp \widetilde{\psi}$,$\psi \perp \widetilde{\varphi}$ である.$\varphi(x) = \widetilde{\varphi}(x)$,$\psi(x) = \widetilde{\psi}(x)$ の場合が直交ウェーブレットである.

双直交の場合,二つのスケーリング関数 $\varphi(x), \widetilde{\varphi}(x)$ はそれぞれ 2 スケール方程式

$$\varphi(x) = \sum_{k=-\infty}^{\infty} \sqrt{2} a_k \varphi_{1,k}(x) = \sum_{k=-\infty}^{\infty} 2 a_k \varphi(2x-k), \tag{3.186}$$

$$\widetilde{\varphi}(x) = \sum_{k=-\infty}^{\infty} \sqrt{2} \widetilde{a}_k \widetilde{\varphi}_{1,k}(x) = \sum_{k=-\infty}^{\infty} 2 \widetilde{a}_k \widetilde{\varphi}(2x-k) \tag{3.187}$$

を満たし,二つのウェーブレット関数 $\psi(x), \widetilde{\psi}(x)$ はそれぞれウェーブレット方程式

$$\psi(x) = \sum_{k=-\infty}^{\infty} \sqrt{2} b_k \varphi_{1,k}(x) = \sum_{k=-\infty}^{\infty} 2 b_k \varphi(2x-k), \tag{3.188}$$

$$\widetilde{\psi}(x) = \sum_{k=-\infty}^{\infty} \sqrt{2} \widetilde{b}_k \widetilde{\varphi}_{1,k}(x) = \sum_{k=-\infty}^{\infty} 2 \widetilde{b}_k \widetilde{\varphi}(2x-k) \tag{3.189}$$

を満たす.直交ウェーブレットの場合,$a = \{a_k\}_k$ から (3.93) で $b = \{b_k\}_k$ が作れたが,双直交ウェーブレットの場合は

$$b_k = (-1)^k \overline{\widetilde{a}_{1-k}}, \qquad \widetilde{b}_k = (-1)^k \overline{a_{1-k}} \tag{3.190}$$

と決めておくのが普通である.

分解アルゴリズムと再構成アルゴリズムはそれぞれ

$$c_{j-1,k} = \sqrt{2} \sum_{\ell} \overline{a_{\ell-2k}} c_{j,\ell}, \qquad d_{j-1,k} = \sqrt{2} \sum_{\ell} \overline{b_{\ell-2k}} c_{j,\ell} \tag{3.191}$$

と

$$c_{j,k} = \sqrt{2}\sum_\ell \widetilde{a}_{k-2\ell}c_{j-1,\ell} + \sqrt{2}\sum_\ell \widetilde{b}_{k-2\ell}d_{j-1,\ell} \tag{3.192}$$

となる．

よく使われる双直交ウェーブレットには，CDF ウェーブレット (Cohen-Daubechies-Feauveau wavelet)，双直交スプラインウェーブレットなどがある．

まとめ 3.9

φ, ψ: プライマルスケーリング関数，プライマルウェーブレット関数
$\widetilde{\varphi}, \widetilde{\psi}$: デュアルスケーリング関数，デュアルウェーブレット関数

$$f(x) = f_{j_0}(x) + \sum_{j=j_0}^{\infty} g_j(x), \tag{3.181}$$

$$f_j(x) = \sum_{k=-\infty}^{\infty} \langle \varphi_{j,k}, f \rangle \widetilde{\varphi}_{j,k}(x), \tag{3.182}$$

$$g_j(x) = \sum_{k=-\infty}^{\infty} \langle \psi_{j,k}, f \rangle \widetilde{\psi}_{j,k}(x). \tag{3.183}$$

2 スケール方程式：

$$\varphi(x) = \sum_{k=-\infty}^{\infty} \sqrt{2}a_k \varphi_{1,k}(x) = \sum_{k=-\infty}^{\infty} 2a_k \varphi(2x-k), \tag{3.186}$$

$$\widetilde{\varphi}(x) = \sum_{k=-\infty}^{\infty} \sqrt{2}\widetilde{a}_k \widetilde{\varphi}_{1,k}(x) = \sum_{k=-\infty}^{\infty} 2\widetilde{a}_k \widetilde{\varphi}(2x-k). \tag{3.187}$$

ウェーブレット方程式：

$$\psi(x) = \sum_{k=-\infty}^{\infty} \sqrt{2}b_k \varphi_{1,k}(x) = \sum_{k=-\infty}^{\infty} 2b_k \varphi(2x-k), \tag{3.188}$$

$$\widetilde{\psi}(x) = \sum_{k=-\infty}^{\infty} \sqrt{2}\widetilde{b}_k \widetilde{\varphi}_{1,k}(x) = \sum_{k=-\infty}^{\infty} 2\widetilde{b}_k \widetilde{\varphi}(2x-k). \tag{3.189}$$

$$b_k = (-1)^k \overline{\widetilde{a}_{1-k}}, \qquad \widetilde{b}_k = (-1)^k \overline{a_{1-k}}. \tag{3.190}$$

分解アルゴリズムと再構成アルゴリズム：

$$c_{j-1,k} = \sqrt{2}\sum_{\ell} \overline{a_{\ell-2k}} c_{j,\ell}, \qquad d_{j-1,k} = \sqrt{2}\sum_{\ell} \overline{b_{\ell-2k}} c_{j,\ell}, \qquad (3.191)$$

$$c_{j,k} = \sqrt{2}\sum_{\ell} \widetilde{a}_{k-2\ell} c_{j-1,\ell} + \sqrt{2}\sum_{\ell} \widetilde{b}_{k-2\ell} d_{j-1,\ell}. \qquad (3.192)$$

第4章 Mathematica による ウェーブレット解析

Mathematica は数式処理ができる科学技術計算アプリケーションである．Mathematica 8 以降，ウェーブレット解析のための関数が組込関数 (built-in function) として提供されている．本章では，Mathematica 10 に組み込まれているウェーブレット解析のための関数を使った例題を通して，ウェーブレット解析の応用について説明する．なお，Mathematica のコードは，効率よりも初歩的でわかりやすいことを重視している．

4.1 Mathematica による連続ウェーブレット変換

関数 $f \in L^2(\mathbb{R})$ の連続ウェーブレット変換 $W_\psi f(a,b)$ は，任意の $a \in \mathbb{R}\setminus\{0\}$ に対して[1]定義できるが，a を拡大縮小のパラメータと見なす場合は，$a > 0$ を仮定するのが自然である．したがって，本章では $a > 0$ を仮定する．

この場合は，アナライジングウェーブレット $\psi(x)$ は，

$$\frac{C_\psi}{2} = \int_0^\infty \frac{|\widehat{\psi}(\omega)|^2}{|\omega|}\,d\omega = \int_0^\infty \frac{|\widehat{\psi}(-\omega)|^2}{|\omega|}\,d\omega < \infty \tag{4.1}$$

を満たすとする．また，逆連続ウェーブレット変換は積分区間が $[0,\infty)$ となり，関数 $f \in L^2(\mathbb{R})$ に対して，

$$f(x) = \frac{2}{C_\psi} \int_0^\infty \int_{-\infty}^\infty \psi^{(a,b)}(x) W_\psi f(a,b) \frac{da\,db}{a^2} \tag{4.2}$$

が成り立つ．

---

[1] 集合 A, B に対して，$A \setminus B = \{x \in A \mid x \notin B\}$.

本節では，Mathematica 10 を使って連続ウェーブレット変換が関数のどのような情報にアクセスできるかを調べる．簡単のため，ウェーブレット関数 ψ には Mathematica の組込関数であるメキシカンハット

$$\text{WaveletPsi}[\text{MexicanHatWavelet}[1], x] = -\frac{2}{\sqrt{3}\,\pi^{1/4}}\,e^{-\frac{x^2}{2}}\left(-1+x^2\right)$$

またはモルレウェーブレット

$$\text{WaveletPsi}[\text{MorletWavelet}[], x] = \frac{1}{\pi^{1/4}}\,e^{-\frac{x^2}{2}}\cos\left(\pi x\sqrt{\frac{2}{\log 2}}\right)$$

を使う[2]．メキシカンハット関数 MexicanHatWavelet[σ] では，σ を変えることにより，拡がり幅を変えることができる．実際，MexicanHatWavelet[σ] は MexicanHatWavelet[1] を横軸方向に σ 倍拡大縮小して，ノルムが 1 となるように正規化した関数である．モルレウェーブレット MorletWavelet[] にはこの機能がない．これらの定義式を得るには，それぞれ単に

WaveletPsi[MexicanHatWavelet[1], x]

および

WaveletPsi[MorletWavelet[], x]

を実行すればよい．また，これらウェーブレット関数のグラフを描画するには，

Plot[{WaveletPsi[MexicanHatWavelet[1], x],
　　WaveletPsi[MorletWavelet[], x]}, {x, -6, 6},
　　PlotRange -> All]

---

[2] この Mathematica のモルレウェーブレットは実数値であり，§2.3.2 で述べた複素数値のウェーブレットとは異なり，厳密には許容条件を満たさない．Mathematica のガボールウェーブレット GaborWavelet[w] は，機械精度の正数 w をパラメータにもつ複素数値ウェーブレット関数

$$\text{WaveletPsi}[\text{GaborWavelet}[w], x] = \frac{1}{\pi^{1/4}}\,e^{-\frac{x^2}{2}}\,e^{-iwx}$$

を与える．パラメータ w のデフォルト値は $w=6$ である．WaveletPsi[GaborWavelet[], x] の実部は，$\frac{1}{\pi^{1/4}}\,e^{-\frac{x^2}{2}}\cos 6x$ であり，$\pi\sqrt{\frac{2}{\log 2}} \approx 5.33645$ であることから，Mathematica のモルレウェーブレットと Mathematica のガボールウェーブレットの実部は似ていることを注意しておく．

4.1 Mathematica による連続ウェーブレット変換

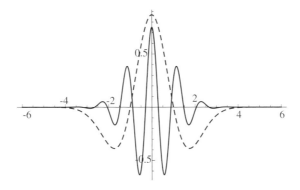

図 4.1 破線：メキシカンハット，実線：モルレウェーブレット

を実行すると，図 4.1 が得られる．ただし，Mathematica はデフォルトの設定で曲線を色で区別するが，図 4.1 では印刷に適するように Adobe Illustrator で編集し，破線と実線で区別している．

> 以下，特に断らないが，Mathematica で得られる図は，Adobe Illustrator や Adobe Photoshop を使って印刷に適するように編集している．

図 4.1 からわかるように，近似的にメキシカンハットとモルレウェーブレットは区間 $[-4, 4]$ 上に局在していると見なせる．

4.1.1 消失モーメント

一般に，ウェーブレット関数にとって望ましい重要な性質の一つに §3.4.3 で述べた**消失モーメント**がある．

> ウェーブレット関数 ψ が，r 個の消失モーメント条件をもつとき，任意の $r-1$ 次以下の多項式 $P(x)$ に対して，
> $$\int_{-\infty}^{\infty} \overline{P(x)} f(x)\, dx = 0 \tag{4.3}$$
> が成り立つ．

Mathematica のメキシカンハットとモルレウェーブレットの消失モーメントを調べるために，5 次までのモーメントを計算しよう．

```
Table[Integrate[x^n*WaveletPsi[MexicanHatWavelet[1], x],
{x, -Infinity, +Infinity}], {n, 0, 5, 1}]
```

を実行すると，

$$\left\{0,\ 0,\ -4\sqrt{\frac{2}{3}}\pi^{1/4},\ 0,\ -8\sqrt{6}\pi^{1/4},\ 0\right\}$$

を得る．さらにモーメントの近似値を得るために，N[%] を実行すると，

$$\{0., 0., -4.34812, 0., -26.0887, 0.\}$$

を得る．したがって，メキシカンハットは 2 個の消失モーメントをもつことがわかる．同様に，

```
Table[Integrate[x^n*WaveletPsi[MorletWavelet[]], x],
{x, -Infinity, +Infinity}], {n, 0, 5, 1}]
```

を実行すると，

$$\left\{\sqrt{2}\,e^{-\frac{\pi^2}{\log 2}}\pi^{1/4},\ 0,\ \frac{\sqrt{2}}{\log 2}e^{-\frac{\pi^2}{\log 2}}\pi^{1/4}(-2\pi^2+\log 2),\ 0,\right.$$

$$\left.\frac{\sqrt{2}}{(\log 2)^2}e^{-\frac{\pi^2}{\log 2}}\pi^{1/4}\left(4\pi^2-12\pi^2\log 2+3(\log 2)^2\right),\ 0\right\}$$

を得る．モーメントの近似値を得るために，N[%] を実行すると，

$$\{1.23298\times 10^{-6},\ 0.,\ -0.0000338795,\ 0.,\ 0.000792946,\ 0.\}$$

を得る．さらに詳しく調べるために，{n, 0, 5, 1} の部分を {n, 0, 10, 1} に変更して実行し，N[%] を実行すると，

$$\{1.23298\times 10^{-6},\ 0.,\ -0.0000338795,\ 0.,\ 0.000792946,\ 0.,$$
$$-0.0150382,\ 0.,\ 0.208967,\ 0.,\ -1.55632\}$$

を得る．したがって，モルレウェーブレットは近似的に 2 個の消失モーメントをもつことがわかる．場合によっては消失モーメントは 6 個であると見なせることがわかる．

4.1.2　導関数の情報と消失モーメント

ウェーブレット関数 $\psi(x)$ が n 個の消失モーメントをもつとする．このとき，ウェーブレット $\psi^{(a,b)}(x)$ も n 個の消失モーメントをもつことが容易に示せる．

§2.6.2 で述べたことを Mathematica で確認してみよう．開区間 $I = (x_0, x_1)$ は点 $x = b$ を含むとする．関数 $f(x)$ は開区間 I で n 回微分可能で，n 階導関数 $f^{(n)}(x)$ は I で連続であるとする．このとき，剰余項が積分形のテイラーの公式より，

$$f(x) = \sum_{k=0}^{n-1} \frac{1}{k!} f^{(k)}(b)(x-b)^k + R_n(x), \tag{4.4}$$

$$R_n(x) = \frac{1}{(n-1)!} \int_b^x (x-t)^{n-1} f^{(n)}(t)\, dt \tag{4.5}$$

が成り立つ．さらにスケール $a > 0$ を十分小さく選び，ウェーブレット $\psi^{(a,b)}(x)$ が I 上に局在していると仮定する．ウェーブレット $\psi^{(a,b)}(x)$ が n 個の消失モーメントをもつことから，

$$\int_{-\infty}^{\infty} \overline{\psi^{(a,b)}(x)} f(x)\, dx \tag{4.6}$$

$$= \int_{x_0}^{x_1} \overline{\psi^{(a,b)}(x)} \left(\sum_{k=0}^{n-1} \frac{1}{k!} f^{(k)}(b)(x-b)^k + R_n(x) \right) dx \tag{4.7}$$

$$= \int_{x_0}^{x_1} \overline{\psi^{(a,b)}(x)} R_n(x)\, dx$$

$$\quad + \sum_{k=0}^{n-1} \frac{1}{k!} f^{(k)}(b) \int_{x_0}^{x_1} \overline{\psi^{(a,b)}(x)} (x-b)^k\, dx \tag{4.8}$$

$$= \int_{x_0}^{x_1} \overline{\psi^{(a,b)}(x)} R_n(x)\, dx \tag{4.9}$$

を得る．したがって，これらの仮定の下では，以下が成り立つ．

> 連続ウェーブレット変換によって，$R_n(x)$ がもつ n 階導関数 $f^{(n)}(x)$ に関する何らかの情報にアクセスできる可能性がある．

> Mathematica のメキシカンハットとモルレウェーブレットは，近似的に 2 個の消失モーメントをもつので，2 階までの導関数に関係する何らかの情報，たとえば
>
> (i) $f(x)$ に関する何らかの情報から $f(x)$ の不連続性
> (ii) $f'(x)$ に関する何らかの情報から $f(x)$ の急激な変化
> (iii) $f''(x)$ に関する何らかの情報から $f(x)$ の凹凸
>
> といった情報にアクセスできる可能性がある．

このことを例で見てみよう．Mathematica の UnitStep[x] は $x \geq 0$ で 1，$x < 0$ で 0 となる関数である．関数 $f(x)$ を定義し，そのグラフの概形を描画するために，

```
f[x_] := (x/4*UnitStep[-x + 4]
    + UnitStep[x - 4] + 1)*UnitStep[x + 4] - 7/8;
Plot[f[x], {x, -20, 20}, PlotRange -> All]
```

を実行すると，図 4.2 が得られる．関数 $f(x)$ のグラフは $x = \pm 4$ で折れている折線である．したがって，ウェーブレット $\psi^{(a,b)}(x)$ が $x = \pm 4$ から離れて，区間 $(-\infty, -4), (-4, 4), (4, \infty)$ のどれかの区間上に局在しているような (a, b) に対しては，$\psi^{(a,b)}(x)$ が近似的に 2 個の消失モーメントをもつことから，

$$W_\psi f(a, b) = \int_{-\infty}^{\infty} \overline{\psi^{(a,b)}(x)} f(x)\, dx = 0 \tag{4.10}$$

が成り立ち，$\psi^{(a,b)}(x)$ が $x = -4$ または $x = 4$ の近傍に局在しているような (a, b) に対しては，$W_\psi f(a, b) \neq 0$ が成り立つ．そこで，$a = 1$ とし，b を -10 から 10 まで 0.1 刻みで動かしたときの $W_\psi f(1, b)$ を数値計算し，得ら

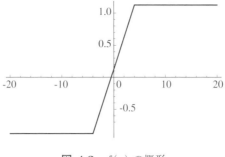

図 4.2 $f(x)$ の概形

れた 201 個の積分値を ListPlot を使って点として描画してみる．積分値の絶対値を描画するほうが傾向を捉えやすいので，積分値の絶対値も同時に描画してみる．メキシカンハットの場合には，

```
wm1 = Table[NIntegrate[WaveletPsi[MexicanHatWavelet[1],
     x - b]*f[x], {x, -20, 20} ], {b, -10, 10, 0.1}];
ListPlot[wm1]
ListPlot[Abs[wm1]]
```

を実行すると，数値積分に関するメッセージ[3]が表示された後で，図 4.3 が得られる．積分値を知りたい場合はセミコロン；を削除して実行する．

Mathematica では，セミコロン；は結果を出力しないコマンドである．

図 4.3 からわかることは，関数 $f(x)$ の折れている点 $x = \pm 4$ に対応するインデックス 60 と 140 において，積分値の絶対値が大きな値をもつことである．つまり，導関数 $f'(x)$ の不連続性が検出できたと考えられる．モルレウェーブレットの場合には，b を -10 から 10 まで 0.01 刻みで動かしたときの $W_\psi f(1, b)$ を数値計算し，得られた 2001 個の積分値を ListPlot を使っ

---

[3] これらのメッセージは必ずしもエラーや計算結果が正しくないことを意味するわけではない．実際，メッセージ NIntegrate::slwcon の内容は数値積分の収束が遅くなっていることであり，メッセージ NIntegrate::ncvb の内容は数値積分があらかじめ与えられた誤差の許容値を決められた回数の反復計算で達成できない点があったということなので，気にする必要はない．

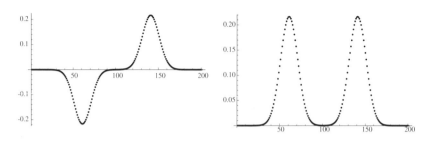

図 4.3　メキシカンハットによる $W_\psi f(1,b)$（左）と $|W_\psi f(1,b)|$（右）

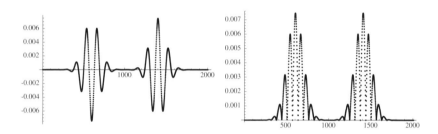

図 4.4　モルレウェーブレットによる $W_\psi f(1,b)$（左）と $|W_\psi f(1,b)|$（右）

て点として描画してみる．

```
wm2 = Table[NIntegrate[WaveletPsi[MorletWavelet[],
     x - b]*f[x], {x, -20, 20} ], {b, -10, 10, 0.01}];
ListPlot[wm2, PlotRange -> All]
ListPlot[Abs[wm2]]
```

を実行すると，しばらくして[4]図 4.4 が得られる．図 4.4 からわかることは，関数 $f(x)$ の折れている点 $x = \pm 4$ に対応するインデックス 600 と 1400 において，積分値の絶対値が大きな値をもつことである．また，解析に使うウェーブレット関数によって見え方が違うことがわかる．したがって，目的に応じてウェーブレット関数を適切に選んで解析を行う必要がある．一般の a のときは，

---

[4] 計算時間は，コンピュータと Mathematica が使う計算カーネル数に依存するが，数分程度であろう．

4.1 Mathematica による連続ウェーブレット変換

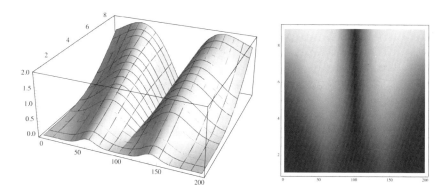

図 4.5 $|W_\psi f(a,b)|$ のグラフとスケーログラム

WaveletPsi[MexicanHatWavelet[1], x - b]

を

(1/Sqrt[a])*WaveletPsi[MexicanHatWavelet[1], (x - b)/a]

に取り換えて，a を適当な刻みで動かせばよい．たとえば，

wm11 = Table[Table[
 NIntegrate[(1/Sqrt[a])*WaveletPsi[MexicanHatWavelet[1],
  (x - b)/a]*f[x], {x, -20, 20}],
 {b, -10, 10, 0.1}], {a, 1, 5, 0.5}];

でメキシカンハットによる連続ウェーブレット変換の値を数値積分で求めることができる．得られる wm11 は Dimensions[wm11] を実行することにより，行列のサイズが 9×201 であることがわかる．Mathematica の三次元グラフィックスでは，図の中心あたりにポインタを動かしてマウスをドラッグすると，グラフィックスを回転させることができる．そこで，ListPlot3D[Abs[wm11]] を実行することにより積分値の絶対値を描画し，適当に図を回転させると，図 4.5（左）が得られる．図 4.5（左）からわかることは，どのスケール a においても関数 $f(x)$ の折れている点 $x = \pm 4$ に対応するインデックス 60 と 140 において，積分値の絶対値が大きな値をもつことである．さらに，スケール a

が大きくなるにつれて，ウェーブレット $\psi^{(a,b)}(x)$ が x 軸方向に拡大されるため，積分値の絶対値が大きな値をもつ範囲が次第に広がり，結果として図 4.5（左）を真上から見たとき，積分値の絶対値が大きな値をもつ範囲が錐状の模様になって見えるということである．実際，`ListDensityPlot[Abs[wm11]]` を実行すると，図 4.5（右）が得られる．

スケーログラム

ウェーブレット変換の値 $W_\psi f(a,b)$ やその絶対値 $|W_\psi f(a,b)|$ を濃淡などで描画した図を**スケーログラム** (scalogram) とよぶ．

4.1.3 組込関数 ContinuousWaveletTransform

連続ウェーブレット変換による解析では，2 次元データの可視化 (visualization) が重要な役割を果たす．すなわち，数値計算で得られる連続ウェーブレット変換データは行列であり，この行列のもついろいろな情報にアクセスするためには，人間がいろいろな観点から行列を見えるように，いろいろな方法で行列を表現する必要がある．

ContinuousWaveletTransform

Mathematica の組込関数 ContinuousWaveletTransform は，連続ウェーブレット変換を行う関数であり，自動的に最適な設定でさまざまな可視化手法を使うことができる．この組込関数の入力はデータ列であり，関数を入力してシンボリックに計算することはできない．

まず，尖点をもち，両端の近傍で 0 となるような解析するデータ列を構成する．

```
x1 = Range[-2*Pi, 2*Pi, 0.01];
y1 = (Exp[-(1/2)*(x1 + 1/2)^2]
    + (1 - Abs[Cos[-x1]])*UnitStep[x1]*UnitStep[Pi - x1]);
```

このデータ列のグラフを描画するために，

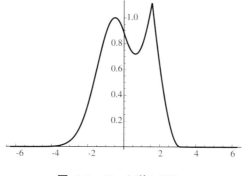

図 4.6　データ列のグラフ

```
xy1 = Transpose[{x1, y1}];
ListLinePlot[xy1]
```

を実行すると，図 4.6 が得られる．ContinuousWaveletTransform はデフォルトで MexicanHatWavelet を使う．データ列 y1 の連続ウェーブレット変換を計算し，その出力結果を cwd とおくには，

```
cwd = ContinuousWaveletTransform[y1];
```

を実行する．ここでは，モルレウェーブレット MorletWavelet[] を使う．データ列 y1 の連続ウェーブレット変換を計算し，スケーログラムを描画するために，

```
cwd1 = ContinuousWaveletTransform[y1,MorletWavelet[]];
WaveletScalogram[cwd1]
```

を実行すると，図 4.7 が得られる．尖点の位置が特定できている．ここで，組込関数 WaveletScalogram を使ってスケーログラムを描画する場合は，縦軸のスケール a の目盛において上が最小であるが，図 4.5（右）のスケール目盛では下が最小であり，逆転している．

スケーログラムのスケールの目盛の向きが，流儀によって変わるので注意が必要である．

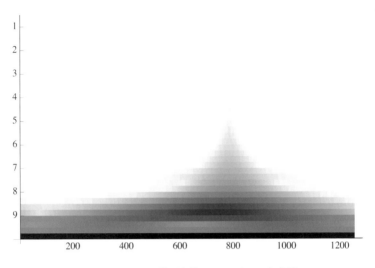

図 4.7 データ列の連続ウェーブレット変換

4.2 連続ウェーブレット変換のアルゴリズム

> Mathematica の組込関数はカーネルに組込まれており，組込関数に使われているアルゴリズムは公開されていない．

したがって本節では，連続ウェーブレット変換によく使われるアルゴリズムを簡単に紹介する．連続ウェーブレット変換であっても，数値計算で求める限り，すべては離散化されなければならない．

4.2.1 時系列とフィルタ

> ─ 時系列 ─
> 測値などを時間の順序に従って並べた系列を**時系列** (time series) という．通常は，ある一定の時間間隔で観測される．

必要ならば，観測していない時刻 n における観測値を $x_n = 0$ とおいて拡

張する[5]ことにより，時系列とは時間に対応する整数の添字 n をもった数列 $\{x_n\}_{n\in\mathbb{Z}}$ であるとしてよい．

この時系列 $\{x_n\}_{n\in\mathbb{Z}}$ から決まる時刻 $n=0$ におけるある量 y_0 は，時刻 $n=0$ から時刻 $-N+1$ まで遡った観測値 $x_{-k}, k=0,1,\ldots,N-1$ の一次結合

$$y_0 = \sum_{k=0}^{N-1} a_k x_{-k} \tag{4.11}$$

で求まるとする．時刻 n のときのある量 y_n も，時刻 $n-N+1$ まで遡った観測値 $x_{n-k}, k=0,1,\ldots,N-1$ の同じ係数による一次結合で求まるとすると，

$$y_n = \sum_{k=0}^{N-1} a_k x_{n-k}, \qquad n \in \mathbb{Z} \tag{4.12}$$

が成り立つ．係数を $a_k = 0, k \in \mathbb{Z} \setminus \{0,1,\ldots,N-1\}$ と定義すれば，式 (4.12) は，

$$y_n = \sum_{k=-\infty}^{\infty} a_k x_{n-k}, \qquad n \in \mathbb{Z} \tag{4.13}$$

と表せる．式 (4.13) では無限和になっているが，数列 $\{a_n\}_{n\in\mathbb{Z}}$ の項が有限個を除いてすべて 0 ならば，実際には有限和なので収束する．式 (4.13) の右辺は，§3.5.3 で述べた畳み込み $\{a_n\} * \{x_n\}$ である．有限数列 $\{a_n\}_{n=0,\ldots,N-1}$ と $\{x_m\}_{m=0,\ldots,M-1}$ を考える．これらの数列を零拡張により $\mathbb{Z}$ 上の数列と見なし，$\mathbb{Z}$ 上の畳み込み $\{y_l\}_{l\in\mathbb{Z}}$ を求めると，

$$y_l = \begin{cases} \displaystyle\sum_{n=0}^{N-1} a_n x_{l-n}, & l \in \{0,\ldots,M+N-2\}, \\ 0, & l \in \mathbb{Z} \setminus \{0,\ldots,M+N-2\} \end{cases} \tag{4.14}$$

が成り立つ．そこで，必ず 0 になる項 $y_l, l \in \mathbb{Z} \setminus \{0,\ldots,M+N-2\}$ を除外した

$$y_l = \sum_{n=0}^{N-1} a_n x_{l-n}, \qquad l \in \{0,\ldots,M+N-2\} \tag{4.15}$$

---

[5] **零拡張** (zero extension) または**零埋め** (zero padding) とよばれる．

を有限数列 $\{a_n\}_{n=0,...,N-1}$ と $\{x_m\}_{m=0,...,M-1}$ の**完全な畳み込み** (full convolution) という．扱う問題に応じて，別の定義の有限数列の畳み込みを使うことがあるので，注意が必要である．

> ディジタル信号処理の最も基本的な手法の一つは，与えられた時系列 $\{x_n\}_{n\in\mathbb{Z}}$ に対して，適当な係数列 $\{a_n\}_{n\in\mathbb{Z}}$ をとり，畳み込み
>
> $$\{y_n\} = \{a_n\} * \{x_n\} \tag{4.16}$$
>
> を求めることにより，必要な情報にアクセスすることである．

一般に，数列 $\{x_n\}_{n\in\mathbb{Z}}$ を数列 $\{y_n\}_{n\in\mathbb{Z}}$ に対応させる写像を**フィルタ** (filter) とよぶ (§3.5.3)．

> 与えられた数列に対して，フィルタ係数 $\{a_n\}_{n\in\mathbb{Z}}$ との畳み込みをとる操作を $(\{a_n\}*)$ と表記する．

フィルタ係数 $\{a_n\}_{n\in\mathbb{Z}}$ の選び方次第で，どのような情報にアクセスできるかが決まる．

4.2.2 連続ウェーブレット変換の離散化

連続ウェーブレット変換を数値計算するアルゴリズムを述べるために，

$$\psi_a(x) = \overline{\psi^{(a,0)}(-x)} \tag{4.17}$$

とおくと，

$$\overline{\psi^{(a,b)}(x)} = \psi_a(b-x) \tag{4.18}$$

が成り立つから，連続ウェーブレット変換は畳み込みを使って，

$$W_\psi f(a,b) = \int_{-\infty}^{\infty} f(x)\psi_a(b-x)\,dx \tag{4.19}$$

と表すことができる．したがって，拡大縮小のパラメータ a に適当な数値を代入するごとに，関数 f と ψ_a の畳み込みを何らかの数値計算で求めるこ

とができれば，$W_\psi f(a,b)$ が求まる．よく使われるアルゴリズムを以下に述べる．

フィルタの計算に帰着するアルゴリズム

関数 $W_\psi f(a,\cdot), f(\cdot), \psi_a(\cdot)$ の離散化をそれぞれ $\{(w_a)_n\}, \{f_n\}, \{(\psi_a)_n\}$ で表し，式 (4.19) を適当に離散化すれば，フィルタ

$$\{(w_a)_n\} = \{f_n\} * \{(\psi_a)_n\} \tag{4.20}$$

の形になる．フィルタの計算は高速に行うことができる．

高速フーリエ変換の計算に帰着するアルゴリズム

パーセヴァルの等式 (1.66) から得られる式

$$W_\psi f(a,b) = \frac{1}{2\pi} \int_{-\infty}^{\infty} e^{i\omega b} \widehat{f}(\omega) \widehat{\psi_a}(\omega) \, d\omega \tag{4.21}$$

を使う．式 (4.20) の数列 $\{f_n\}$ と $\{(\psi_a)_n\}$ が共に周期 $N \in \mathbb{N}$ の周期数列に拡張できるとする．数列 $\{f_n\}$ と $\{(\psi_a)_n\}$ を高速フーリエ変換して得られる数列をそれぞれ $\{\widehat{f_n}\}$ と $\{\widehat{(\psi_a)_n}\}$ とおく．式 (4.21) は，これらの各項の積がなす数列 $\{\widehat{f_n}\widehat{(\psi_a)_n}\}$ の逆高速フーリエ変換で，$\{(w_a)_n\}$ が求まることを示唆している．

4.3 離散ウェーブレット変換

Mathematica においては，数列の畳み込みの関数は，

$$\text{DiscreteConvolve}, \quad \text{ListConvolve}$$

で計算でき，有限フーリエ変換と逆有限フーリエ変換[6]の関数は，それぞれ

$$\text{Fourier}, \quad \text{InverseFourier}$$

で計算できる．

有限フーリエ変換とその逆変換の定義は，用途によって異なることがある．

Mathematica のデフォルト設定では，データ列 $\{u_r\}_{r=1,\ldots,n}$ の有限フーリエ変換とデータ列 $\{v_s\}_{s=1,\ldots,n}$ の逆有限フーリエ変換をそれぞれ，

$$\frac{1}{\sqrt{n}} \sum_{r=1}^{n} u_r \, e^{2\pi i (r-1)(s-1)/n}, \qquad \frac{1}{\sqrt{n}} \sum_{s=1}^{n} v_s \, e^{-2\pi i (r-1)(s-1)/n} \quad (4.22)$$

で定義している．

オプションの `FourierParameters` で指定することにより，異なる定義の有限フーリエ変換とその逆変換を使うことができる．これらの Mathematica の関数を駆使すれば，適当に離散化した連続ウェーブレット変換と逆連続ウェーブレット変換を数値計算することができるだろう．しかし，これ以上この問題を議論することはしない．なぜなら，一つのウェーブレット関数から構成される正規直交基底に関する直交展開をもとにして，単純かつ高速計算ができる**高速ウェーブレット変換** (fast wavelet transform) とその逆変換が提案され，広く使われているからである．通常，離散ウェーブレット変換 (discrete wavelet transform) といえば高速ウェーブレット変換を意味する．

---

[6] 第 1 章でも述べたように，離散フーリエ変換，逆離散フーリエ変換とよぶことも多い．

4.3.1 フィルタとダウンサンプリングによる表現

離散ウェーブレット変換はフィルタを使って計算できる．分解アルゴリズム (3.113), (3.114) は，

$$\widetilde{a}_k = \sqrt{2}\,\overline{a_{-k}}, \qquad \widetilde{b}_k = \sqrt{2}\,\overline{b_{-k}} \tag{4.23}$$

とおくと，

$$c_{j-1,\ell} = \sum_k \widetilde{a}_{2\ell-k}\, c_{j,k} = \sum_k \widetilde{a}_k\, c_{j,2\ell-k}, \tag{4.24}$$

$$d_{j-1,\ell} = \sum_k \widetilde{b}_{2\ell-k}\, c_{j,k} = \sum_k \widetilde{b}_k\, c_{j,2\ell-k} \tag{4.25}$$

と表せる．畳み込み

$$\{y_n\}_n = \{\widetilde{a}_n\}_n * \{c_{j,n}\}_n, \qquad \{z_n\}_n = \{\widetilde{b}_n\}_n * \{c_{j,n}\}_n \tag{4.26}$$

を求め，それぞれの数列 $\{y_n\}$, $\{z_n\}$ から添字が偶数の項 $\{y_{2\ell}\}$, $\{z_{2\ell}\}$ をとりだせば，

$$c_{j-1,\ell} = y_{2\ell}, \qquad d_{j-1,\ell} = z_{2\ell} \tag{4.27}$$

が得られる．

ダウンサンプリング

添字が偶数（または奇数）の項をとりだす操作は，**ダウンサンプリング** (downsampling) とよばれ，$(\downarrow 2)$ と表記される．

したがって，離散ウェーブレット変換はフィルタとダウンサンプリングの二つの合成写像のペアを使って，

$$\begin{pmatrix} \{c_{j-1,k}\}_k \\ \{d_{j-1,k}\}_k \end{pmatrix} = \begin{pmatrix} (\downarrow 2) \circ (\{\widetilde{a}_n\}*) \\ (\downarrow 2) \circ (\{\widetilde{b}_n\}*) \end{pmatrix} \{c_{j,k}\}_k \tag{4.28}$$

と行列の記法を使って表現できる．図式で表すと，

$$\{c_{j,k}\}_k \xrightarrow{(\downarrow 2)\circ(\{\tilde{a}_n\}*)} \{c_{j-1,k}\}_k$$
$$\downarrow (\downarrow 2)\circ(\{\tilde{b}_n\}*)$$
$$\{d_{j-1,k}\}_k$$

である.

次に,逆離散ウェーブレット変換をフィルタを使って表現してみる.再構成アルゴリズム (3.116) は,

$$\check{a}_k = \sqrt{2}\,a_k, \qquad \check{b}_k = \sqrt{2}\,b_k \tag{4.29}$$

とおくと,

$$c_{j,k} = \sum_\ell \check{a}_{k-2\ell}\, c_{j-1,\ell} + \sum_\ell \check{b}_{k-2\ell}\, d_{j-1,\ell} \tag{4.30}$$

と表せる.ここで,数列 $\{\check{c}_{j-1,\ell}\}_\ell$ と $\{\check{d}_{j-1,\ell}\}_\ell$ を

$$\check{c}_{j-1,2\ell} = a_{j-1,\ell}, \qquad \check{c}_{j-1,2\ell+1} = 0, \tag{4.31}$$

$$\check{d}_{j-1,2\ell} = d_{j-1,\ell}, \qquad \check{d}_{j-1,2\ell+1} = 0 \tag{4.32}$$

で定義する.

――アップサンプリング――――――――――――

数列 $\{c_{j-1,\ell}\}_\ell$ のそれぞれの項の間に 0 を挿入して数列 $\{\check{c}_{j-1,\ell}\}_\ell$ を作る操作は,ある意味でダウンサンプリングの逆にあたる操作であり,**アップサンプリング** (upsampling) とよばれ,$(\uparrow 2)$ と表記される.

このとき,式 (4.30) は,

$$c_{j,k} = \sum_\ell \check{a}_{k-2\ell}\, \check{c}_{j-1,2\ell} + \sum_\ell \check{b}_{k-2\ell}\, \check{d}_{j-1,2\ell} \tag{4.33}$$

$$= \{\check{a}_n\}_n * \{\check{c}_{j-1,n}\}_n + \{\check{b}_n\}_n * \{\check{d}_{j-1,n}\}_n \tag{4.34}$$

と表現できる.したがって,逆離散ウェーブレット変換はアップサンプリングとフィルタの二つの合成写像のペアを使って,

$$\{c_{j,k}\}_k = \bigl((\{\check{a}_n\}*)\circ(\uparrow 2)\bigr)\{c_{j-1,k}\}_k + \bigl((\{\check{b}_n\}*)\circ(\uparrow 2)\bigr)\{d_{j-1,k}\}_k \tag{4.35}$$

$$= \left(\left(\{\check{a}_n\}*\right) \circ (\uparrow 2), \left(\{\check{b}_n\}*\right) \circ (\uparrow 2)\right) \begin{pmatrix} \{c_{j-1,k}\}_k \\ \{d_{j-1,k}\}_k \end{pmatrix} \quad (4.36)$$

と行列の記法を使って表現できる．図式で表すと，

$$\{c_{j-1,k}\}_k \xrightarrow{(\{\check{a}_n\}*)\circ(\uparrow 2)} \{c_{j,k}\}_k$$
$$(\{\check{b}_n\}*)\circ(\uparrow 2)\uparrow$$
$$\{d_{j-1,k}\}_k$$

である．

4.3.2 レベル L の分解

離散ウェーブレット変換により，数列 $c_0 = \{c_{0,n}\}$ を二つの数列 $c_{-1} = \{c_{-1,n}\}$ と $d_{-1} = \{d_{-1,n}\}$ に分解できる．この分解を**レベル 1 の分解** (decomposition of level 1) という．得られた数列 c_{-1} を**レベル 1 の近似係数** (approximation coefficient of level 1) といい，数列 d_{-1} を**レベル 1 の詳細係数** (approximation coefficient of level 1) という．ここで使われているレベルの意味は分解の回数を表し，詳しくは**分解レベル** (decomposition level) である．

ウェーブレット解析では，レベルという言葉がいろいろな意味で使われるので注意が必要である[7]．

得られた数列 c_{-1} をさらに離散ウェーブレット変換することができる．数列 c_0 を，初めの数列 d_{-1} とこのようにして得られる二つの数列 d_{-2} と c_{-2} とを合わせた三つの数列の組 $\{d_{-1}, d_{-2}, c_{-2}\}$ に対応させる写像

$$c_0 \longrightarrow \{d_{-1}, d_{-2}, c_{-2}\} \quad (4.37)$$

---

[7] §3.1.2 で述べたように，スケール a の逆数 a^{-1} を**解像度** (resolution) とよび，$a^{-1} = 2^j$ ($j \in \mathbb{Z}$) とおいたとき，j を**解像度レベル** (resolution level) という．分解の回数を表す分解レベルと解像度レベルとは区別する必要がある．

をレベル2の分解という．また，逆離散ウェーブレット変換を2回使って，三つの数列の組 $\{d_{-1}, d_{-2}, c_{-2}\}$ に数列 c_0 を対応させる写像

$$\{d_{-1}, d_{-2}, c_{-2}\} \longrightarrow \{d_{-1}, c_{-1}\} \longrightarrow c_0 \tag{4.38}$$

をレベル2の再構成という．一般に，

> **レベル L の分解** (decomposition of level L) は，写像
>
> $$c_0 \longrightarrow \{d_{-1}, d_{-2}, \ldots, d_{-L}, c_{-L}\} \tag{4.39}$$
>
> であり，**レベル L の再構成** (reconstruction of level L) は，写像
>
> $$\{d_{-1}, d_{-2}, \ldots, d_{-L}, c_{-L}\} \longrightarrow c_0 \tag{4.40}$$

である．(3.115) により，分解においてエネルギーが保存される．

$$\|c_0\|^2 = \|d_{-1}\|^2 + \cdots + \|d_{-L}\|^2 + \|c_{-L}\|^2 \tag{4.41}$$

が成り立つ．レベル L の分解を図式で表すと，

$$\begin{array}{ccccccc}
\{c_{0,k}\} & \xrightarrow{(\downarrow 2)\circ(\{\widetilde{a}_n\}*)} & \{c_{-1,k}\} & \cdots & \{c_{-(L-1),k}\} & \xrightarrow{(\downarrow 2)\circ(\{\widetilde{a}_n\}*)} & \{c_{-L,k}\} \\
\downarrow{\scriptstyle(\downarrow 2)\circ(\{\widetilde{b}_n\}*)} & & \downarrow{\scriptstyle(\downarrow 2)\circ(\{\widetilde{b}_n\}*)} & & \downarrow{\scriptstyle(\downarrow 2)\circ(\{\widetilde{b}_n\}*)} & & \\
\{d_{-1,k}\} & & \{d_{-2,k}\} & & \{d_{-L,k}\} & &
\end{array}$$

である．

> この図式のデータ構造は**木** (tree) とよばれる構造であり，各データ列は**ノード** (node) とよばれる．

Mathematica ではこれらのノードに

4.3 離散ウェーブレット変換

$$\{\} \longrightarrow \{0\} \cdots \{\overbrace{0,\ldots,0}^{L-1 個}\} \longrightarrow \{\overbrace{0,\ldots,0}^{L 個}\}$$

$$\downarrow \qquad \downarrow \qquad \downarrow$$

$$\{1\} \qquad \{0,1\} \qquad \{\overbrace{0,\ldots,0,1}^{L-1 個}\}$$

というインデックスが与えられている．レベル L の再構成は

$$\{c_{-L,k}\} \xrightarrow{(\{\tilde{a}_n\}*)\circ(\uparrow 2)} \{c_{-(L-1),k}\} \cdots \{c_{-1,k}\} \xrightarrow{(\{\tilde{a}_n\}*)\circ(\uparrow 2)} \{c_{0,k}\}$$

$$(\{\tilde{b}_n\}*)\circ(\uparrow 2)\uparrow \qquad (\{\tilde{b}_n\}*)\circ(\uparrow 2)\uparrow \qquad (\{\tilde{b}_n\}*)\circ(\uparrow 2)\uparrow$$

$$\{d_{-L,k}\} \qquad \{d_{-2,k}\} \qquad \{d_{-1,k}\}$$

であり，ノードに与えられたインデックスは，

$$\{\overbrace{0,\ldots,0}^{L 個}\} \longrightarrow \{\overbrace{0,\ldots,0}^{L-1 個}\} \cdots \{0\} \longrightarrow \{\}$$

$$\uparrow \qquad \uparrow \qquad \uparrow$$

$$\{\overbrace{0,\ldots,0,1}^{L-1 個}\} \qquad \{0,1\} \qquad \{1\}$$

である．

4.3.3 近似と詳細

整数 $j \in \mathbb{Z}$ に対して，数列 $\boldsymbol{c}_j = \{c_{j,k}\}_k$ または $\boldsymbol{d}_j = \{d_{j,k}\}_k$ と同じサイズの零ベクトルを $\boldsymbol{0}_j$ と表す．数列 $\boldsymbol{c}_0$ のレベル L の分解

$$\boldsymbol{c}_0 \longrightarrow \{\boldsymbol{d}_{-1}, \boldsymbol{d}_{-2}, \ldots, \boldsymbol{d}_{-L}, \boldsymbol{c}_{-L}\} \tag{4.42}$$

を考える．数列 $\boldsymbol{c}_{-L}$ だけを残し，数列 $\boldsymbol{d}_{-j}$ を $\boldsymbol{0}_{-j}, j = 1, \ldots, L$ に取り換えて得られる数列のリスト

$$\{\boldsymbol{0}_{-1}, \boldsymbol{0}_{-2}, \ldots, \boldsymbol{0}_{-L}, \boldsymbol{c}_{-L}\} \tag{4.43}$$

は数列 c_0 のレベル L の分解と同じデータ構造をもっているので，レベル L の再構成

$$\{\mathbf{0}_{-1}, \mathbf{0}_{-2}, \ldots, \mathbf{0}_{-L}, \mathbf{c}_{-L}\} \longrightarrow \mathbf{c}_{-L}^{\mathrm{inv}} \tag{4.44}$$

を考えることができる．得られる数列 $\mathbf{c}_{-L}^{\mathrm{inv}}$ を数列 c_0 の**レベル L の近似** (approximation of level L) という．同様に，数列 $\mathbf{d}_{-j}$ だけを残し，数列 $\mathbf{d}_{-\ell}$ を $\mathbf{0}_{-\ell}, \ell = 1, \ldots, j-1, j+1, \ldots, L$ に取り換え，数列 $\mathbf{c}_{-L}$ を $\mathbf{0}_{-L}$ に取り換えて得られる数列のリスト

$$\{\mathbf{0}_{-1}, \ldots, \mathbf{0}_{-(j-1)}, \mathbf{d}_{-j}, \mathbf{0}_{-(j+1)}, \ldots, \mathbf{0}_{-L}, \mathbf{0}_{-L}\} \tag{4.45}$$

のレベル L の再構成

$$\{\mathbf{0}_{-1}, \ldots, \mathbf{0}_{-(j-1)}, \mathbf{d}_{-j}, \mathbf{0}_{-(j+1)}, \ldots, \mathbf{0}_{-L}, \mathbf{0}_{-L}\} \longrightarrow \mathbf{d}_{-j}^{\mathrm{inv}} \tag{4.46}$$

によって得られる数列 $\mathbf{d}_{-j}^{\mathrm{inv}}$ を数列 c_0 の**レベル j の詳細** (detail of level L) といい，リスト $\{\mathbf{d}_{-1}^{\mathrm{inv}}, \ldots, \mathbf{d}_{-L}^{\mathrm{inv}}\}$ を数列 c_0 の**レベル L までの詳細** (details up to level L) という．まとめると，

近似と詳細

数列 c_0 のレベル L の分解 $c_0 \longrightarrow \{\mathbf{d}_{-1}, \mathbf{d}_{-2}, \ldots, \mathbf{d}_{-L}, \mathbf{c}_{-L}\}$ に対して，レベル L の再構成

$$\{\mathbf{0}_{-1}, \mathbf{0}_{-2}, \ldots, \mathbf{0}_{-L}, \mathbf{c}_{-L}\} \longrightarrow \mathbf{c}_{-L}^{\mathrm{inv}} \tag{4.47}$$

によって得られる数列 $\mathbf{c}_{-L}^{\mathrm{inv}}$ を数列 c_0 のレベル L の近似といい，レベル L の再構成

$$\{\mathbf{0}_{-1}, \ldots, \mathbf{0}_{-(j-1)}, \mathbf{d}_{-j}, \mathbf{0}_{-(j+1)}, \ldots, \mathbf{0}_{-L}, \mathbf{0}_{-L}\} \longrightarrow \mathbf{d}_{-j}^{\mathrm{inv}} \tag{4.48}$$

によって得られる数列 $\mathbf{d}_{-j}^{\mathrm{inv}}$ をレベル j の詳細という．リスト $\{\mathbf{d}_{-1}^{\mathrm{inv}}, \ldots, \mathbf{d}_{-L}^{\mathrm{inv}}\}$ を数列 c_0 のレベル L までの詳細という．

次に，整数 $j \in \mathbb{Z}$ に対して，数列 c_{j+1} の離散ウェーブレット変換を $\{d_j, c_j\}$ とする．このとき，数列のリスト $\{d_j, c_j\}$ は数列 c_{j+1} のレベル 1 の分解で

ある．数列のリスト $\{\mathbf{0}_j, \mathbf{c}_j\}$ を逆離散ウェーブレット変換して得られる数列

$$\mathbf{c}_{j+1}^{\mathrm{inv}} = \left((\{\check{a}_n\}*) \circ (\uparrow 2), (\{\check{b}_n\}*) \circ (\uparrow 2)\right) \begin{pmatrix} \mathbf{c}_j \\ \mathbf{0}_j \end{pmatrix} \quad (4.49)$$

は，数列 $\mathbf{c}_{j+1}$ のレベル 1 の近似である．また，数列のリスト $\{\mathbf{d}_j, \mathbf{0}_j\}$ を逆離散ウェーブレット変換して得られる数列

$$\mathbf{d}_{j+1}^{\mathrm{inv}} = \left((\{\check{a}_n\}*) \circ (\uparrow 2), (\{\check{b}_n\}*) \circ (\uparrow 2)\right) \begin{pmatrix} \mathbf{0}_j \\ \mathbf{d}_j \end{pmatrix} \quad (4.50)$$

は，数列 $\mathbf{c}_{j+1}$ のレベル 1 の詳細である．式 (4.49) と式 (4.50) を加えると，$(\{\check{a}_n\}*) \circ (\uparrow 2)$ と $(\{\check{b}_n\}*) \circ (\uparrow 2)$ は線形だから，

$$\mathbf{d}_{j+1}^{\mathrm{inv}} + \mathbf{c}_{j+1}^{\mathrm{inv}} = \left((\{\check{a}_n\}*) \circ (\uparrow 2), (\{\check{b}_n\}*) \circ (\uparrow 2)\right) \left(\begin{pmatrix} \mathbf{0}_j \\ \mathbf{d}_j \end{pmatrix} + \begin{pmatrix} \mathbf{c}_j \\ \mathbf{0}_j \end{pmatrix}\right) \quad (4.51)$$

$$= \left((\{\check{a}_n\}*) \circ (\uparrow 2), (\{\check{b}_n\}*) \circ (\uparrow 2)\right) \begin{pmatrix} \mathbf{c}_j \\ \mathbf{d}_j \end{pmatrix} \quad (4.52)$$

$$= \mathbf{c}_{j+1} \quad (4.53)$$

を得る．式 (4.53) を繰り返し使うことにより，以下に述べるレベル L の分解の場合の結果を得る．

数列 $\mathbf{c}_0$ のレベル L の分解 $\mathbf{c}_0 \longrightarrow \{\mathbf{d}_{-1}, \mathbf{d}_{-2}, \ldots, \mathbf{d}_{-L}, \mathbf{c}_{-L}\}$ に対して，レベル L の近似を $\mathbf{c}_{-L}^{\mathrm{inv}}$ とし，レベル L までの詳細を $\{\mathbf{d}_{-1}^{\mathrm{inv}}, \ldots, \mathbf{d}_{-L}^{\mathrm{inv}}\}$ とする．このとき，

$$\mathbf{c}_0 = \mathbf{d}_{-1}^{\mathrm{inv}} + \cdots + \mathbf{d}_{-L}^{\mathrm{inv}} + \mathbf{c}_{-L}^{\mathrm{inv}}, \quad (4.54)$$

$$\|\mathbf{c}_0\|^2 = \|\mathbf{d}_{-1}^{\mathrm{inv}}\|^2 + \cdots + \|\mathbf{d}_{-L}^{\mathrm{inv}}\|^2 + \|\mathbf{c}_{-L}^{\mathrm{inv}}\|^2 \quad (4.55)$$

が成り立つ．

4.4 Mathematica による離散ウェーブレット変換

本節では，Mathematica を使って離散ウェーブレット変換を行う．初めに，

ウェーブレット解析のための組込関数を使わずに，Mathematica の基本コマンドだけを用いて，ハールウェーブレットによる離散ウェーブレット変換とその逆変換をシンボリックに計算する．次に，具体的に組込関数を使って，離散ウェーブレット変換の基礎を説明する．

4.4.1 Mathematica によるハールウェーブレット

Mathematica の組込関数 DiscreteWaveletTransform による離散ウェーブレット変換の例は後に述べることにして，ここでは，ハールウェーブレットによる離散ウェーブレット変換とその逆変換をシンボリックに計算してみる．

まず，アップサンプリングとダウンサンプリングのための関数を述べる．与えられたデータ列 data にデータ数と同数の 0 を挿入するアップサンプリングには，偶数番目のデータが 0 となる Mathematica 9 以降の関数

Upsample[data, 2, 1]

と奇数番目のデータが 0 となる関数

Upsample[data, 2, 2]

がある．Mathematica 8 の場合は，

upsampling1[x_] := Append[Riffle[x, 0], 0]
upsampling2[x_] := Prepend[Riffle[x, 0], 0]

と関数を定義すると，upsampling1[data] は Upsample[data, 2, 1] と，upsampling2[data] は Upsample[data, 2, 2] と同じ結果を与える．また，与えられたデータ列から奇数番目のデータをとりだす Mathematica 9 以降の関数

Downsample[data, 2, 1]

と偶数番目のデータをとりだす関数

Downsample[data, 2, 2]

4.4 Mathematica による離散ウェーブレット変換

がある．Mathematica 8 の場合は，

```
downsampling1[x_] := Take[x, {1, Length[x], 2}]
downsampling2[x_] := Take[x, {2, Length[x], 2}]
```

と関数を定義すると，`downsampling1[data]` は `Downsample[data, 2, 1]` と，`downsampling2[data]` は `Downsample[data, 2, 2]` と同じ結果を与える．

ハールウェーブレットのフィルタ係数は，例 3.7(2) で見たように，

$$a_0 = \frac{1}{2}, \qquad a_1 = \frac{1}{2}, \tag{4.56}$$

$$b_0 = (-1)^0 \overline{a_{1-0}} = \frac{1}{2}, \qquad b_1 = (-1)^1 \overline{a_{1-1}} = -\frac{1}{2} \tag{4.57}$$

となる．このとき，(4.23) で定義されるフィルタ係数は，

$$\widetilde{a}_0 = \sqrt{2}\,\overline{a_0} = \frac{1}{\sqrt{2}}, \qquad \widetilde{a}_{-1} = \sqrt{2}\,\overline{a_1} = \frac{1}{\sqrt{2}}, \tag{4.58}$$

$$\widetilde{b}_0 = \sqrt{2}\,\overline{b_0} = \frac{1}{\sqrt{2}}, \qquad \widetilde{b}_{-1} = \sqrt{2}\,\overline{b_1} = -\frac{1}{\sqrt{2}} \tag{4.59}$$

であり，式 (4.24) と (4.25) はそれぞれ，

$$c_{0,\ell} = \widetilde{a}_{-1}\,c_{1,2\ell+1} + \widetilde{a}_0\,c_{1,2\ell}, \qquad d_{0,\ell} = \widetilde{b}_{-1}\,c_{1,2\ell+1} + \widetilde{b}_0\,c_{1,2\ell} \tag{4.60}$$

となる．Mathematica でフィルタ係数のリスト $\{a_0, a_1\}$ を `lowpass` という名前で定義するには，

```
lowpass = {1/2, 1/2}
```

を実行する．フィルタ係数のリスト $\{\widetilde{a}_{-1}, \widetilde{a}_0\}$ は，リスト $\{\overline{a_0}, \overline{a_1}\}$ の順序を反転して，$\sqrt{2}$ 倍すれば得られるので，

```
decomplowpass = Reverse[Conjugate[lowpass]]*Sqrt[2]
```

を実行する．同様に，フィルタ係数のリスト $\{\widetilde{b}_{-1}, \widetilde{b}_0\}$ について，

```
highpass = {1/2, -1/2}
decomphighpass = Reverse[Conjugate[highpass]]*Sqrt[2]
```

を実行する．
　次に，離散ウェーブレット変換を畳み込みとダウンサンプリングで求めてみよう．データ列 {c1, c2, c3, c4} を data という名前で入力し，フィルタ係数 decomplowpass との完全な畳み込みを行うには，

```
data = {c1, c2, c3, c4};
y = ListConvolve[decomplowpass, data, {1, -1}, 0]
```

を実行する．出力

$$\left\{\frac{c1}{\sqrt{2}}, \frac{c1}{\sqrt{2}} + \frac{c2}{\sqrt{2}}, \frac{c2}{\sqrt{2}} + \frac{c3}{\sqrt{2}}, \frac{c3}{\sqrt{2}} + \frac{c4}{\sqrt{2}}, \frac{c4}{\sqrt{2}}\right\}$$

を得る．偶数番目のデータをとりだすダウンサンプリングを行い，レベル 1 の近似係数に approx という名前を付けるには，

```
approx = Downsample[y, 2, 2]
```

を実行し，

$$\left\{\frac{c1}{\sqrt{2}} + \frac{c2}{\sqrt{2}}, \frac{c3}{\sqrt{2}} + \frac{c4}{\sqrt{2}}\right\}$$

を得る．同様に，レベル 1 の詳細係数 detail を得るには，

```
z = ListConvolve[decomphighpass, data, {1, -1}, 0];
detail = Downsample[z, 2, 2]
```

を実行し，

$$\left\{\frac{c1}{\sqrt{2}} - \frac{c2}{\sqrt{2}}, \frac{c3}{\sqrt{2}} - \frac{c4}{\sqrt{2}}\right\}$$

を得る．
　最後に，レベル 1 の近似係数 approx と詳細係数 detail から逆離散ウェーブレット変換を使って元の data を再構成しよう．奇数番目に 0 を挿入するアップサンプリングを行うには，

```
inverseapprox = Upsample[approx, 2, 2]
inversedetail = Upsample[detail, 2, 2]
```

4.4 Mathematica による離散ウェーブレット変換

を実行し,

$$\left\{0,\ \frac{c1}{\sqrt{2}}+\frac{c2}{\sqrt{2}},\ 0,\ \frac{c3}{\sqrt{2}}+\frac{c4}{\sqrt{2}}\right\}$$

$$\left\{0,\ \frac{c1}{\sqrt{2}}-\frac{c2}{\sqrt{2}},\ 0,\ \frac{c3}{\sqrt{2}}-\frac{c4}{\sqrt{2}}\right\}$$

を得る. 与えられたデータ列の近似 approxpart と詳細 detailpart は, 完全畳み込み

```
approxpart = ListConvolve[lowpass, inverseapprox, {1, -1}, 0]*
  Sqrt[2]
detailpart = ListConvolve[highpass, inversedetail, {1, -1}, 0]*
  Sqrt[2]
```

により,

$$\left\{0,\ \frac{\frac{c1}{\sqrt{2}}+\frac{c2}{\sqrt{2}}}{\sqrt{2}},\ \frac{\frac{c1}{\sqrt{2}}+\frac{c2}{\sqrt{2}}}{\sqrt{2}},\ \frac{\frac{c3}{\sqrt{2}}+\frac{c4}{\sqrt{2}}}{\sqrt{2}},\ \frac{\frac{c3}{\sqrt{2}}+\frac{c4}{\sqrt{2}}}{\sqrt{2}}\right\}$$

$$\left\{0,\ \frac{\frac{c1}{\sqrt{2}}-\frac{c2}{\sqrt{2}}}{\sqrt{2}},\ -\frac{\frac{c1}{\sqrt{2}}-\frac{c2}{\sqrt{2}}}{\sqrt{2}},\ \frac{\frac{c3}{\sqrt{2}}-\frac{c4}{\sqrt{2}}}{\sqrt{2}},\ -\frac{\frac{c3}{\sqrt{2}}-\frac{c4}{\sqrt{2}}}{\sqrt{2}}\right\}$$

と求まる. 完全畳み込みにより現れた第 1 成分の余分な 0 を削除するために,

```
approxpart = Drop[approxpart,1]
detailpart = Drop[detailpart,1]
```

を実行する. 近似と詳細の和が元のデータ列に一致することは,

```
Simplify[approxpart + detailpart]
```

による出力が

$$\{c1,\ c2,\ c3,\ c4\}$$

となることからわかる.

初めに与えられたデータ列の要素が奇数個の場合, 上述の計算ではデータ列の最後尾に 0 を一つ付加してデータ列の要素数を偶数個にして, 離散ウェーブレット変換と逆離散ウェーブレット変換を行うため, 近似, 詳細, 近似と詳細の和の要素数はそれぞれ, 初めに与えられたデータ列の要素数に 1 を加えた数となる.

4.4.2 組込関数 DiscreteWaveletTransform

─ DiscreteWaveletTransform ─────────
Mathematica の組込関数 DiscreteWaveletTransform は，離散ウェーブレット変換を行う関数であり，キーボードからの入力やドラッグドロップにより入力されたデータなどを自動的に Mathematica のデータ形式に変換し，さまざまな手法を最適な設定で使うことができる．

この組込関数には，シンボリックなデータ列を含め，さまざまな形式のデータを入力できる．入力が 1 次元配列の長さ n のデータ列の場合，レベル $L = \lfloor \log_2 n + 1/2 \rfloor$ までの分解を行い，離散ウェーブレット変換に関係するすべての情報からなるデータオブジェクト DiscreteWaveletData[●] を出力する．ここで，床関数 (floor function) $\lfloor x \rfloor$ は，x の整数部分を表し，DiscreteWaveletData[●] の ● 部分には，以下に示すようにいろいろな情報が含まれる．

たとえば，リスト data = {c1, c2, c3, c4} に対して，デフォルト設定のハールウェーブレットを使い，レベル $\lfloor \log_2 4 + 1/2 \rfloor = 2$ の分解を求めるために，

```
data = {c1, c2, c3, c4};
dwd = DiscreteWaveletTransform[data,
  WorkingPrecision -> Infinity]
```

を入力すると，Mathematica 8 および 9 では，出力

$$\text{DiscreteWaveletData}[<< \text{DWT} >>, < 2 >, \{4\}]$$

を得る．Mathematica 10 では，$<< \text{DWT} >>, < 2 >, \{4\}$ の部分の表示が図 4.8（左）のようなアイコンを含む表示になっている．+ をクリックすると図 4.8（右）のようなアイコンを含む詳細表示となる．

─────────
以後，特に必要がない限り，このようなアイコン表示を ● で表す．
─────────

ここでは，ハールウェーブレットのフィルタ係数が $\sqrt{2}$ を含んでいるので，

4.4 Mathematica による離散ウェーブレット変換

図 4.8 アイコンを含む表示（左）とその詳細表示（右）

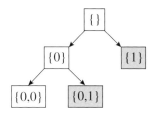

図 4.9 分解の木（Adobe Illustrator で作成）

計算結果を $\sqrt{2}$ を含む形で表示するために，オプションの

WorkingPrecision -> Infinity

を指定したが，通常の数値計算では

dwd = DiscreteWaveletTransform[data]

とする．このデータオブジェクト dwd から必要なデータを引き出す必要がある．分解レベルを調べるために，dwd["TreeView"] を入力すると，図 4.9 のような木を得る．白地の長方形が近似係数を表し，灰色の長方形が詳細係数を表す．データオブジェクト dwd のすべての成分 dwd[[1]], dwd[[2]], ..., dwd[[Length[dwd]]] を調べるために，

Table[dwd[[n]], {n, 1, Length[dwd]}]

を入力すると，出力

$$\left\{\left\{\left\{\frac{c1}{\sqrt{2}}+\frac{c2}{\sqrt{2}}, \frac{c3}{\sqrt{2}}+\frac{c4}{\sqrt{2}}\right\},\left\{\frac{c1}{\sqrt{2}}-\frac{c2}{\sqrt{2}}, \frac{c3}{\sqrt{2}}-\frac{c4}{\sqrt{2}}\right\},\right.\right.$$
$$\left.\left\{\frac{\frac{c1}{\sqrt{2}}+\frac{c2}{\sqrt{2}}}{\sqrt{2}}+\frac{\frac{c3}{\sqrt{2}}+\frac{c4}{\sqrt{2}}}{\sqrt{2}}\right\},\left\{\frac{\frac{c1}{\sqrt{2}}+\frac{c2}{\sqrt{2}}}{\sqrt{2}}-\frac{\frac{c3}{\sqrt{2}}+\frac{c4}{\sqrt{2}}}{\sqrt{2}}\right\}\right\},\{\{0\},\{1\},\{0,0\},$$

$$\{0,1\}\}, \{\{4\},\{2\},\{1\}\}, 2, \infty, \text{HaarWavelet}[], \left\{\left\{0, \frac{1}{2}\right\}, \left\{1, \frac{1}{2}\right\}\right\},$$
$$\{\text{DiscreteWaveletTransform}\}, \text{List}, \{\}, \text{Periodic}, \text{Null}, \text{Null}\right\}$$

を得る．ここで，データオブジェクト dwd の第 1 成分 dwd[[1]] がレベル dwd[[4]] までの近似係数と詳細係数であり，それぞれの近似係数と詳細係数のノードは第 2 成分 dwd[[2]] で与えられる．つまり，ノード dwd[[2,k]]，k=1,2,3,4 の近似係数と詳細係数が dwd[[1,k]] であることがわかる．このことは，すべてのノードにおける近似係数と詳細係数を出力する dwd[All] で確かめることができるが，普通は引数に All ではなく Automatic を使うとよい．

> 逆離散ウェーブレット変換に必要かつ十分な近似係数と詳細係数だけを引き出すには，dwd[Automatic] を使う．

データオブジェクト dwd の第 7 成分 dwd[[7]] が何を表すかを調べるために，ドブシィウェーブレットを使ってみよう．

```
data = {c1, c2, c3, c4, c5, c6, c7, c8};
dwd = DiscreteWaveletTransform[data, DaubechiesWavelet[],
   WorkingPrecision -> Infinity];
dwd[[7]]
```

を入力すると，dwd[[7]] の出力

$$\left\{\left\{0, \frac{1}{8}(1+\sqrt{3})\right\}, \left\{1, \frac{1}{8}(3+\sqrt{3})\right\},\right.$$
$$\left.\left\{2, \frac{1}{8}(3-\sqrt{3})\right\}, \left\{3, \frac{1}{8}(1-\sqrt{3})\right\}\right\}$$

を得る．DaubechiesWavelet[] はデフォルト設定の $N=2$ のときのドブシィウェーブレット DaubechiesWavelet[2] を使うことを意味する．この正規直交ウェーブレットのフィルタ係数は厳密に求めることができる．$N=2$ のときのドブシィウェーブレットのフィルタ係数を表示するために，

```
WaveletFilterCoefficients[DaubechiesWavelet[],
{"PrimalLowpass", "PrimalHighpass"},
WorkingPrecision -> Infinity]
```

を入力すると，

$$\left\{\left\{\left\{0, \frac{1}{8}\left(1+\sqrt{3}\right)\right\}, \left\{1, \frac{1}{8}\left(3+\sqrt{3}\right)\right\}, \right.\right.$$
$$\left\{2, \frac{1}{8}\left(3-\sqrt{3}\right)\right\}, \left\{3, \frac{1}{8}\left(1-\sqrt{3}\right)\right\}\right\},$$
$$\left\{\left\{-2, \frac{1}{8}\left(1-\sqrt{3}\right)\right\}, \left\{-1, \frac{1}{8}\left(-3+\sqrt{3}\right)\right\}, \right.$$
$$\left.\left.\left\{0, \frac{1}{8}\left(3+\sqrt{3}\right)\right\}, \left\{1, \frac{1}{8}\left(-1-\sqrt{3}\right)\right\}\right\}\right\}$$

を得る．これにより，dwd[[7]] は分解に使ったウェーブレットのローパスフィルタ係数 $\{a_n\}$ であることがわかる．

例 1: サンプルデータを作成し，離散ウェーブレット変換を適用

```
data1 = Table[N[Sin[4*Pi*k/2^10] +
    (1/3)*Sin[(k/2^7)^2*Pi*2]], {k, 1, 2^10}];
```

を実行して，正弦波にチャープ信号[8]を加えたサンプルデータを作成する．さらに，ListPlot[data1, Joined -> True] を実行すると，図 4.10 を得る．サンプルデータのエネルギーは，Norm[data1]^2 で求めることができる．結果は 578.271 である．

```
wav = DaubechiesWavelet[2]
```

を実行して，使用するウェーブレットを wav に設定する．サンプルデータに離散ウェーブレット変換を適用してデータオブジェクト dwd を得るために，

---

[8] チャープ (chirp) とは小鳥の鳴き声を意味し，次第に周波数が高くなる信号を**チャープ信号** (chirp signal) という．

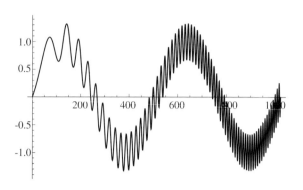

図 4.10 正弦波にチャープ信号を加えたサンプルデータ

dwd1 = DiscreteWaveletTransform[data1, wav, 4]

を実行すると，DiscreteWaveletData[●] を得る．コマンド dwd1["Dimensions"] は各分解のデータ数を置換規則

$\{\{0\} \to \{513\}, \{1\} \to \{513\}, \{0,0\} \to \{258\}, \{0,1\} \to \{258\}, \{0,0,0\} \to \{130\}, \{0,0,1\} \to \{130\}, \{0,0,0,0\} \to \{66\}, \{0,0,0,1\} \to \{66\}\}$

として与える．コマンド coeffs1 = dwd1[All]; を実行すると，各係数を置換規則として得ることができるので，代入 ./ を使って dwd1 から近似係数 c[j] と詳細係数 d[j] を抜き出す．

{c[1], d[1], c[2], d[2], c[3], d[3]} =
   {{0}, {1}, {0, 0}, {0, 1}, {0, 0, 0}, {0, 0, 1}}/. coeffs1;

分解でエネルギーが保たれることを確認するために，

Sum[Norm[d[j]]^2, {j, 1, 3}] + Norm[c[3]]^2

を実行すると，サンプルデータのエネルギーとほぼ同じ値 578.629 を得る．

次に c[j] と d[j] のグラフを描いてみる．まず，レベル 1 の近似係数 c[1] と詳細係数 d[1] をつなげて一つのデータ列として図示するには，

ListPlot[Join[c[1], d[1]], Joined -> True]

を実行する．図 4.11 を得る．また，レベル 2 の近似係数 c[2] と詳細係数

4.4 Mathematica による離散ウェーブレット変換

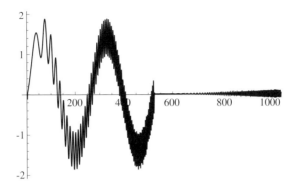

図 4.11　近似係数 c[1] と詳細係数 d[1]

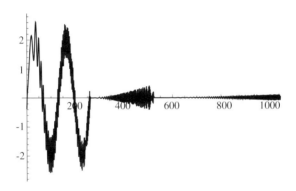

図 4.12　近似係数 c[2] と詳細係数 d[2] と d[1]

d[2] と d[1] をつなげて一つのデータ列として図示するには，

```
ListPlot[Join[c[2], d[2], d[1]],
    Joined -> True, PlotRange -> All]
```

を実行する．図 4.12 を得る．さらに，レベル 3 の近似係数 c[3] と詳細係数 d[3] と d[2] と d[1] をつなげて一つのデータ列として図示するには，

```
ListPlot[Join[c[3], d[3], d[2], d[1]],
    Joined -> True, PlotRange -> All]
```

を実行する．図 4.13 を得る．

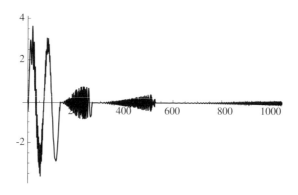

図 4.13 近似係数 c[3] と詳細係数 d[3] と d[2] と d[1]

4.4.3 組込関数 InverseWaveletTransform

ハールウェーブレットを使って，データ data = {c1, c2, c3, c4} をレベル 2 まで離散ウェーブレット変換するには，

```
data = {c1, c2, c3, c4};
dwd = DiscreteWaveletTransform[data, HaarWavelet[], 2,
    WorkingPrecision -> Infinity]
```

を実行する．離散ウェーブレット変換に関係するすべての情報は，出力のデータオブジェクト dwd に含まれている．レベル 2 までの近似係数と詳細係数を表示するには，coeffs=dwd[All] を実行すると，出力

$$\left\{\{0\} \to \left\{\frac{c1}{\sqrt{2}} + \frac{c2}{\sqrt{2}}, \frac{c3}{\sqrt{2}} + \frac{c4}{\sqrt{2}}\right\}, \{1\} \to \left\{\frac{c1}{\sqrt{2}} - \frac{c2}{\sqrt{2}}, \frac{c3}{\sqrt{2}} - \frac{c4}{\sqrt{2}}\right\},\right.$$
$$\left.\{0,0\} \to \left\{\frac{\frac{c1}{\sqrt{2}}+\frac{c2}{\sqrt{2}}}{\sqrt{2}} + \frac{\frac{c3}{\sqrt{2}}+\frac{c4}{\sqrt{2}}}{\sqrt{2}}\right\}, \{0,1\} \to \left\{\frac{\frac{c1}{\sqrt{2}}+\frac{c2}{\sqrt{2}}}{\sqrt{2}} - \frac{\frac{c3}{\sqrt{2}}+\frac{c4}{\sqrt{2}}}{\sqrt{2}}\right\}\right\}$$

を得る．ここで，

> Mathematica の矢印 → は置換規則を表す．

したがって，{0} に対応するレベル 1 の近似係数だけを得るには，代入のコマンド /. を使って，{0}/.coeffs と入力すればよい．

4.4 Mathematica による離散ウェーブレット変換

> 逆離散ウェーブレット変換を行う組込関数 InverseWaveletTransform をデータオブジェクト dwd に適用するには，
>
> idwd = InverseWaveletTransform[dwd]
>
> を実行する．この出力は一般に繁雑なため，最も単純な数式表現を与えるコマンド Simplify を付けて
>
> idwd = Simplify[InverseWaveletTransform[dwd]]
>
> を実行すると見やすくなる．

出力結果は $\{c1, c2, c3, c4\}$ となり，idwd はデータ data に一致することがわかる．

例 2: サンプルデータの近似と詳細への分解

例 2 は例 1 に引き続き実行する例である．例 1 に引き続き実行しない場合は，例 1 のサンプルデータを作成し，離散ウェーブレット変換を適用するために，

```
data1 = Table[N[Sin[4*Pi*k/2^10] +
   (1/3)*Sin[(k/2^7)^2*Pi*2]], {k, 1, 2^10}];
wav = DaubechiesWavelet[2];
dwd1 = DiscreteWaveletTransform[data1, wav, 4];
```

を実行する．c[1] のみ残し，d[1] をすべて 0 として逆変換して得られるレベル 1 の近似 aa1 と，d[1] のみ残し，c[1] をすべて 0 として逆変換して得られるレベル 1 の詳細 dd1 を求めるには，

```
aa1 = InverseWaveletTransform[dwd1, wav, {0}];
dd1 = InverseWaveletTransform[dwd1, wav, {1}];
```

を実行する．レベル 1 の近似とレベル 1 の詳細の和が元のデータになることを確かめるため，コマンド Max[Abs[data1-(aa1+dd1)]] を実行して，データ列 data1-(aa1+dd1) の各成分の絶対値の最大値を求めてみると，8.88178×10^{-16}

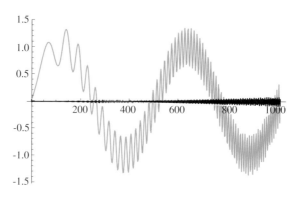

図 4.14　レベル 1 の近似 aa1 とレベル 1 の詳細 dd1

という結果を得る．これは数値計算上 0 と見なすことができる値である．コマンド Norm[data1-(aa1+dd1), Infinity] を実行しても同じ結果を得る．レベル 1 の近似 aa1 とレベル 1 の詳細 dd1 を図示するために，

ListPlot[{aa1, dd1}, Joined -> True]

を実行すると，図 4.14 を得る．大きい振幅で緩やかに変動しているデータがレベル 1 の近似 aa1 であり，小さい振幅で急激に変動しているデータがレベル 1 の詳細 dd1 である．c[2] のみ残し d[2] と d[1] をすべて 0 として逆変換して得られるレベル 2 の近似 aa2 を求め，d[2] のみ残し c[2] と d[1] をすべて 0 として逆変換して得られるレベル 1 の詳細 dd2 を求めるには，

aa2 = InverseWaveletTransform[dwd1, wav, {0, 0}];
dd2 = InverseWaveletTransform[dwd1, wav, {0, 1}];

を実行する．レベル 2 の近似 aa2 とレベル 2 の詳細 dd2 を図示するために，

ListPlot[{aa2, dd2}, Joined -> True]

を実行すると，図 4.15 を得る．大きい振幅で緩やかに変動しているデータがレベル 2 の近似 aa2 であり，小さい振幅で急激に変動しているデータがレベル 2 の詳細 dd2 である．

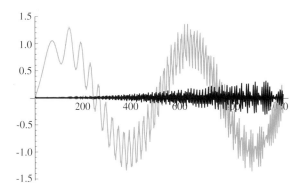

図 4.15 レベル 2 の近似 aa2 とレベル 2 の詳細 dd2

4.4.4 組込関数 WaveletMapIndexed による近似係数と詳細係数の操作

信号処理などの実際の応用では，

> 離散ウェーブレット変換の近似係数と詳細係数を操作し，その操作した係数を逆離散ウェーブレット変換することにより，元のデータと同じタイプのデータを作成する

ことが重要な役割を果たす．

> 組込関数 InverseWaveletTransform の入力がデータオブジェクトなので，データオブジェクトに含まれる近似係数と詳細係数を組込関数 WaveletMapIndexed で操作する．

前項 §4.4.3 で得られたデータオブジェクト dwd の近似係数と詳細係数を操作してみる．レベル 2 の離散ウェーブレット変換の近似係数と詳細係数は，図 4.9 の木のノードを標識としている．ノード $\{0\}$ を標識とする近似係数を $a = \left\{\frac{a1}{\sqrt{2}}, \frac{a2}{\sqrt{2}}\right\}$ に変更し，ノード $\{1\}$ を標識とする詳細係数を $b = \left\{\frac{b1}{\sqrt{2}}, \frac{b2}{\sqrt{2}}\right\}$ に変更するには，

```
dwdm1 = WaveletMapIndexed[a &, dwd, {0}];
dwdm2 = WaveletMapIndexed[b &, dwdm1, {1}];
```

を実行する．ここで，a & は定数関数 a を表す．

> `WaveletMapIndexed` の第 1 引数は値やリストなどではなく，関数でなくてはならない．

詳しい使い方は `WaveletMapIndexed` のヘルプを見てもらうこととして，`dwd` のある部分を別のリスト a で置き換えるには，後ろに & を付けて定数関数 a & として使うとよい．関数を上手に使うと上のように一つ一つではなく一度に置き換えられるが，ここではわかりやすい原始的な方法にしておく．

それぞれの変更の結果を見るには，`dwdm1[All]` と `dwdm2[All]` を実行すればよい．それぞれ

$$\left\{\{0\} \to \left\{\frac{a1}{\sqrt{2}}, \frac{a2}{\sqrt{2}}\right\}, \{1\} \to \left\{\frac{c1-c2}{\sqrt{2}}, \frac{c3-c4}{\sqrt{2}}\right\},\right.$$
$$\left.\{0,0\} \to \left\{\frac{1}{2}(c1+c2+c3+c4)\right\}, \{0,1\} \to \left\{\frac{1}{2}(c1+c2-c3-c4)\right\}\right\}$$

$$\left\{\{0\} \to \left\{\frac{a1}{\sqrt{2}}, \frac{a2}{\sqrt{2}}\right\}, \{1\} \to \left\{\frac{b1}{\sqrt{2}}, \frac{b2}{\sqrt{2}}\right\},\right.$$
$$\left.\{0,0\} \to \left\{\frac{1}{2}(c1+c2+c3+c4)\right\}, \{0,1\} \to \left\{\frac{1}{2}(c1+c2-c3-c4)\right\}\right\}$$

となり，ノード {0} を標識とする近似係数とノード {1} を標識とする詳細係数が変更されている．元のデータオブジェクト `dwd` と変更したデータオブジェクト `dwdm2` を逆離散ウェーブレット変換するには，

```
idwd = Simplify[InverseWaveletTransform[dwd]]
idwdm2 = Simplify[InverseWaveletTransform[dwdm2]]
```

とする．それぞれ

$\{c1, c2, c3, c4\}$
$$\left\{\frac{1}{2}(b1+c1+c2), \frac{1}{2}(-b1+c1+c2), \frac{1}{2}(b2+c3+c4), \frac{1}{2}(-b2+c3+c4)\right\}$$

を得る.ノード $\{1\}$ を標識とする詳細係数の変更は $b1 = c1-c2$, $b2 = c3-c4$ であったから,これらの出力は合致することがわかる.ここで idwdm2 に a1, a2 が現れていない.これは InverseWaveletTransform では,ノード $\{1\}$, $\{0,1\}, \ldots, \{0,\ldots,1\}$ に対応する各レベルの詳細とノード $\{0,\ldots,0\}$ に対応する最大レベルの近似だけ(今の場合は $\{1\}, \{0,1\}, \{0,0\}$ だけ)が使われるからである.ノード $\{0\}$ に対応するレベルの近似のように,途中のレベルの近似を変更しても逆変換には反映されないので注意が必要である.

信号処理でよく行われる係数操作の一つに,

絶対値の小さい係数の値を 0 とする

ことがある.係数の絶対値が小さいかどうかを決める限界の値を**閾値** (threshold) という.以下では,絶対値の小さい係数の値を 0 とし,それに応じてその他の係数の値を適切に操作するための基本的な二つの方法について説明する.

(1) ハード閾値法とソフト閾値法

詳細係数を適切に変更するためによく使われる二つの関数を以下に述べる.どちらも小さな振幅で非常に速く振動している成分を除去するために使われる.まず,準備として関数 $\mathrm{sign}(x)$ を

$$\mathrm{sign}(x) = \begin{cases} 1, & x > 0, \\ 0, & x = 0, \\ -1, & x < 0 \end{cases} \tag{4.61}$$

で定義し,関数 x_+ を

$$x_+ = \begin{cases} x & x \geq 0, \\ 0, & x < 0 \end{cases} \tag{4.62}$$

で定義する.閾値を $\varepsilon \geq 0$ とし,関数 $\chi_\varepsilon(x)$ を

$$\chi_\varepsilon(x) = \begin{cases} 0, & -\varepsilon < x < \varepsilon, \\ 1, & x \leq -\varepsilon \ \text{または}\ \varepsilon \leq x \end{cases} \tag{4.63}$$

で定義する．これらの関数を使って，

---詳細係数を修正するための関数---

$$\mathrm{hard}_\varepsilon(x) = x\,\chi_\varepsilon(x), \tag{4.64}$$

$$\mathrm{soft}_\varepsilon(x) = \mathrm{sign}(x)\,(|x|-\varepsilon)_+ \tag{4.65}$$

を定義する．これらの関数は，引数が数列の場合には成分ごとに働くとする．つまり，

$$\mathrm{hard}_\varepsilon(\{x_n\}_n) = \{\mathrm{hard}_\varepsilon(x_n)\}_n, \qquad \mathrm{soft}_\varepsilon(\{x_n\}_n) = \{\mathrm{soft}_\varepsilon(x_n)\}_n \tag{4.66}$$

であるとする．

与えられた数列 $\boldsymbol{c}_0$ に対して，レベル L の分解：

$$\boldsymbol{c}_0 \longrightarrow \{\boldsymbol{d}_{-1}, \boldsymbol{d}_{-2}, \ldots, \boldsymbol{d}_{-L}, \boldsymbol{c}_{-L}\} \tag{4.67}$$

を考える．各分解レベルごとに閾値 $\varepsilon_{-j} \geq 0, j=1,\ldots,L$ を設定する．

---ハード閾値法---

レベル L の詳細係数 $\boldsymbol{d}_{-1}, \boldsymbol{d}_{-2}, \ldots, \boldsymbol{d}_{-L}$ の絶対値が閾値 ε_{-j} よりも小さい成分を 0 に変更した係数列を詳細係数としたレベル L の再構成：

$$\{\mathrm{hard}_{\varepsilon_{-1}}(\boldsymbol{d}_{-1}), \mathrm{hard}_{\varepsilon_{-2}}(\boldsymbol{d}_{-2}), \ldots, \mathrm{hard}_{\varepsilon_{-L}}(\boldsymbol{d}_{-L}), \boldsymbol{c}_{-L}\} \longrightarrow \tilde{\boldsymbol{c}}_0 \tag{4.68}$$

によって数列 $\tilde{\boldsymbol{c}}_0$ を構成する構成法を（ウェーブレット解析における）**ハード閾値法** (hard thresholding) という[9]．

ハード閾値法の切り捨てによって，0 でないすべての詳細係数の絶対値が閾値 ε 以上になることが問題になる場合がある．これを回避するために，絶対値が ε より大きい詳細係数に，詳細係数の正負に応じて ε を引いたり加え

---
[9] 狭い意味では，数列 $\{x_n\}_n$ から数列 $\{\mathrm{hard}_\varepsilon(x_n)\}_n$ を構成する構成法をハード閾値法とよぶべきだが，与えられたデータを離散ウェーブレット変換し，この方法で詳細係数を修正し，さらに逆離散ウェーブレット変換する一連の手順が，ハード閾値法とよばれている．ソフト閾値法についても同様である．

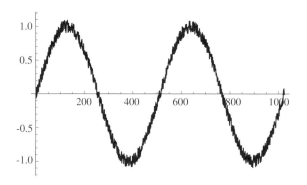

図 4.16 サンプルデータ data2

たりする操作を行う構成法がある.その構成法を以下に述べる.

```
┌─ ソフト閾値法 ──────────────────────────────
│
│ 関数 $\mathrm{soft}_{\varepsilon_{-j}}$ を用いて詳細係数を変更した係数列を詳細係数としたレベ
│ ル $L$ の再構成:
│
│ $$\{\mathrm{soft}_{\varepsilon_{-1}}(\boldsymbol{d}_{-1}), \mathrm{soft}_{\varepsilon_{-2}}(\boldsymbol{d}_{-2}), \ldots, \mathrm{soft}_{\varepsilon_{-L}}(\boldsymbol{d}_{-L}), \boldsymbol{c}_{-L}\} \longrightarrow \boldsymbol{c}_0^{\dagger} \quad (4.69)$$
│
│ によって数列 $\boldsymbol{c}_0^{\dagger}$ を構成する構成法を(ウェーブレット解析における)ソ
│ フト閾値法 (soft thresholding) という.
│
└──────────────────────────────────────
```

例 3: 雑音除去

正弦波にランダムな雑音を付加したサンプルデータ data2 を作成するために,

```
data2 = Table[Sin[4*Pi*k/2^10], {k, 1, 2^10}] +
0.1*RandomReal[{-1, 1}, 2^10];
```

を実行する[10].コマンド ListPlot[data2, Joined -> True] により,得られたサンプルデータを図示すると,図 4.16 を得る.この図から,正弦波に比べ,付加されたランダムな雑音は小さな振幅で非常に速く振動しているこ

---
[10] 乱数を使ってデータを作成しているので,得られるサンプルデータは実行するごとに異なる.

とがわかる.

> 小さな振幅で非常に速く振動している雑音成分は主として詳細に含まれているので,サンプルデータから雑音成分を含んだ詳細成分を分離することにより,雑音除去が可能となる.

具体的には,小さな振幅で非常に速く振動している大部分の成分は,絶対値の小さい詳細係数で表現されることが期待できるから,前述のソフト閾値法により,絶対値の小さい詳細係数を適切に変更して逆離散ウェーブレット変換を適用すれば,得られるデータは雑音除去されたデータとなる.

サンプルデータ data2 に DaubechiesWavelet[2] を使った離散ウェーブレット変換を適用し,レベル 4 までの詳細係数 d2[1], d2[2], d2[3], d2[4] と近似係数 c2[4] を得るために,

```
wav = DaubechiesWavelet[2]
dwd2 = DiscreteWaveletTransform[data2, wav, 4]
coeffs2 = dwd2[All];
{d2[1], d2[2], d2[3], d2[4], c2[4]} =
   {{1}, {0, 1}, {0, 0, 1}, {0, 0, 0, 1},
      {0, 0, 0, 0}} /. coeffs2;
```

を実行する.ソフト閾値法により,d2[j] を修正するための関数 soft を定義し,そして図示するには,

```
soft[e_, x_] := Which[x < -e, x + e,
                Abs[x] < e, 0, True, x - e] ;
Plot[soft[0.5, x], {x, -2, 2}]
```

を実行する.図 4.17 を得る.

d2[j] を修正して雑音成分を除去したデータ d2mod[j] を作成するには,

```
d2mod[1] = Table[0, {Length[d2[1]]}];
d2mod[2] = Table[0, {Length[d2[2]]}];
```

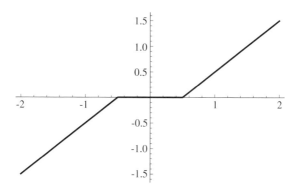

図 **4.17** 関数 soft

```
d2mod[3] = Table[soft[0.07, d2[3][[k]]], {k, 1, Length[d2[3]]}];
d2mod[4] = Table[soft[0.1, d2[4][[k]]], {k, 1, Length[d2[4]]}];
```

を実行する．dwd2 に含まれている d2[j] を d2mod[j] に変えて dwd2mod を作るには，

```
dwd2mod = WaveletMapIndexed[d2mod[1] &, dwd2, {1}];
dwd2mod = WaveletMapIndexed[d2mod[2] &, dwd2mod, {0, 1}];
dwd2mod = WaveletMapIndexed[d2mod[3] &, dwd2mod, {0, 0, 1}];
dwd2mod = WaveletMapIndexed[d2mod[4] &, dwd2mod, {0, 0, 0, 1}];
```

を実行する．さらに，dwd2mod を逆変換で戻して data2mod を作るには，

```
data2mod = InverseWaveletTransform[dwd2mod];
ListPlot[data2mod, Joined -> True]
```

を実行すると，図 4.18 を得る．

4.5　WaveletThreshold を使った解析例

　本節では，組込関数 WaveletThreshold を使ってデータ列を分離してみる．そのために，図 4.6 で与えたデータ列に，そのデータ列に比べて激しく変動するデータを付加して二つのサンプルデータ列を作成する．次にデータ

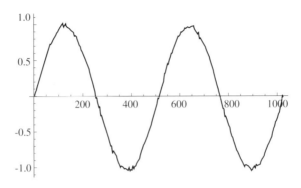

図 4.18 雑音を除去した data2mod

列を激しく変動する成分とゆっくり変動する成分に分離する方法によって，どちらのサンプルデータ列も元のデータ列と付加したデータ列におおむね分離できることを見る．

> データ列を分離する過程は全く同じであっても，付加されたデータ列が望ましくない場合には**雑音除去** (denoising) とよばれ，付加されたデータ列が意味をもつ場合には**信号分離** (signal separation) とよばれる[11]．

4.5.1 サンプルデータ列の作成

図 4.6 で与えたデータ列の各項に -0.05 から 0.05 の間に値をもつ乱数を雑音として付加してサンプルデータを作成するために

```
x1 = Range[-2*Pi, 2*Pi, 0.01];
y1 = (Exp[-(1/2)*(x1 + 1/2)^2]
    + (1 - Abs[Cos[-x1]])*UnitStep[x1]*UnitStep[Pi - x1]);
s1 = Dimensions[x1]; r = 0.05;
r1 = RandomReal[ {-r, r}, s1]; y2 = y1 + r1;
```

を実行する．次に，図 4.6 で与えたデータ列にチャープ信号を付加したデー

---

[11] 雑音だと思われていた信号が重要な意味をもつ信号になった有名な例に宇宙背景放射がある．

4.5 WaveletThresholdを使った解析例   155

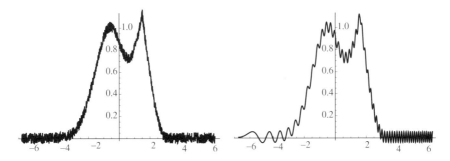

図 4.19 雑音を付加したサンプルデータ（左）とチャープ信号を付加したサンプルデータ（右）

タ列を作成するために

```
r2 = Sin[2*(x1 + 2 Pi)^2]; y3 = y1 + r*r2;
```

を実行する．作成したサンプルデータ列 y2 と y3 を表示するには，

```
xy2 = Transpose[{x1, y2}]; ListLinePlot[xy2]
xy3 = Transpose[{x1, y3}]; ListLinePlot[xy3]
```

を実行すればよい．図 4.19 が得られる．

4.5.2 雑音除去

> 離散ウェーブレット変換は与えられたデータ列を変動する速さによって分解することができる．

ここでは，局在性がよく，連続なウェーブレット関数 DaubechiesWavelet[2] を使って，サンプルデータ y2 と y3 をレベル 4 まで分解し，絶対値が閾値より小さい詳細係数を 0 とするハード閾値法で激しく変動する成分を除去する．閾値を 0.15 として，サンプルデータ y2 を処理し，それぞれの詳細係数に対する閾値の表を表示し，サンプルデータと雑音除去されたデータを表示するには，

表 4.1 詳細係数に対する閾値の表

Wavelet Index	Threshold Value
{1}	0.15
{0,1}	0.15
{0,0,1}	0.15
{0,0,0,1}	0.15

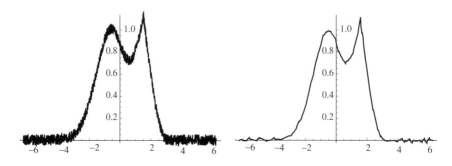

図 4.20 サンプルデータ（左）と雑音除去されたデータ（右）

```
wav = DaubechiesWavelet[2];
dwdy2 = DiscreteWaveletTransform[y2, wav, 4];
thry2 = WaveletThreshold[dwdy2, {"Hard", 0.15}];
ithry2 = InverseWaveletTransform[thry2];
thry2["ThresholdTable"]
ListLinePlot[Transpose[{x1, y2}]]
ListLinePlot[Transpose[{x1, ithry2}]]
```

を実行すればよい．表 4.1 と図 4.20 が得られる．ここでは，閾値を 0.15 と指定したが，詳細係数に依存して閾値が変わる閾値法もある．WaveletThreshold では，Hard, Soft 以外に

```
Firm,    PiecewiseGarrote,    SmoothGarrote,    Hyperbola,
LargestCoefficients
```

といったオプションや，閾値を自動的に決める

4.5 WaveletThreshold を使った解析例

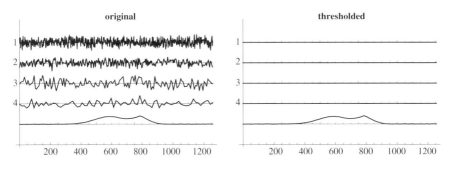

図 4.21 ウェーブレット変換係数の表示

> FDR, GCV, GCVLevel, SURE, SUREHybrid, SURELevel, Universal, UniversalLevel

といったさまざまな方法が提供されている.

次に，WaveletListPlot を使って，ノード $\{1\}, \{0,1\}, \{0,0,1\}, \{0,0,0,1\}$ に対応するレベル 1 から 4 までの詳細係数とノード $\{0,0,0,0\}$ に対応するレベル 4 の近似係数を表示するために，

```
WaveletListPlot[dwdy2, PlotLabel -> "original"]
WaveletListPlot[WaveletThreshold[dwdy2],
PlotLabel -> "thresholded"]
```

を実行すると図 4.21 が得られる．この図 4.21 から，ハード閾値法によってほとんどの詳細係数が 0 になったことがわかる．ここで，WaveletListPlot の表示では，ノード $\{1\}, \{0,1\}, \{0,0,1\}, \{0,0,0,1\}$ に対応するレベル 1 から 4 までの詳細係数は，それぞれ縦軸のラベルが 1, 2, 3, 4 のグラフで表示され，ノード $\{0,0,0,0\}$ に対応するレベル 4 の近似係数はラベルのない最も下のグラフで表示されている．

> WaveletListPlot では，データ数が変わっても係数のグラフが同じ水平軸上にあるように，点の間隔がスケーリングされて表示される.

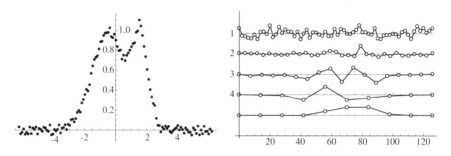

図 4.22　ダウンサンプリングしたデータとその WaveletListPlot

このことは，以下で見るように，データ数が多くないときに，オプションで PlotMarkers -> Automatic を指定すればわかる．データ x1 と y2 から 10 個おきにとりだして間引く処理（ダウンサンプリング）をするために，

```
dx1 = Downsample[x1, 10];
dy2 = Downsample[y2, 10];
```

を実行する．さらに，ダウンサンプリングしたデータのグラフを表示するための配列 dxy2 を定義し，グラフを表示するために，

```
dxy2 = Transpose[{dx1, dy2}]; ListPlot[dxy2]
```

を実行すると図 4.22（左）を得る．ここで黒い丸印は個々のデータを表す．データ dx1 のデータ数を調べるために Length[dx1] を実行すると，ダウンサンプリングした後のデータ数は 126 であることがわかる．ダウンサンプリングしたデータを DaubechiesWavelet[2] で離散ウェーブレット変換し，WaveletListPlot するために，

```
wav = DaubechiesWavelet[2];
ddwd = DiscreteWaveletTransform[dy2, wav, 4];
WaveletListPlot[ddwd, PlotMarkers -> Automatic]
```

を実行すると図 4.22（右）を得る．ここで白い丸印は個々のデータを表す．

4.5.3 信号分離

> 付加したチャープ信号は元のデータに比べて激しく変動しているので，上述の雑音除去と同じ手法でチャープ信号を分離できる．

ここでは，閾値の設定が 0.1 と 0.15 の場合を比較し，設定の違いで分離性能が変わることを示す．閾値が 0.15 の場合は絶対値が 0.15 の以下の係数が 0 となり，閾値が 0.1 の場合は絶対値が 0.1 の以下の係数が 0 となるので，閾値が大きいほど，より多くの係数が 0 となる．

閾値が 0.1 と 0.15 の場合に，チャープ信号が分離されたデータを比較するには，

```
dwd1 = DiscreteWaveletTransform[y3, wav, 4];
thr1 = WaveletThreshold[dwd1, {"Hard", 0.1}];
thr2 = WaveletThreshold[dwd1, {"Hard", 0.15}];
ithr1 = InverseWaveletTransform[thr1];
ithr2 = InverseWaveletTransform[thr2];
ListLinePlot[ithr1]
ListLinePlot[ithr2]
```

を実行すればよい．図 4.23 が得られる．この図から，閾値が 0.1 の場合のときよりも，閾値が 0.15 の場合のほうが，急激に変動する成分が分離されていることがわかる．

また，閾値が 0.1 と 0.15 の場合に，WaveletListPlot を使って，ノード $\{1\}, \{0,1\}, \{0,0,1\}, \{0,0,0,1\}$ に対応するレベル 1 から 4 までの詳細係数とノード $\{0,0,0,0\}$ に対応するレベル 4 の近似係数を比較するには，

```
WaveletListPlot[thr1, PlotLabel -> "threshold=0.1"]
WaveletListPlot[thr2, PlotLabel -> "threshold=0.15"]
```

を実行すればよい．図 4.24 が得られる．この図からは，閾値が 0.1 の場合のときよりも，閾値が 0.15 の場合のほうが，より多くの急激な変動に対応する係数がほとんど 0 になっていることがわかる．

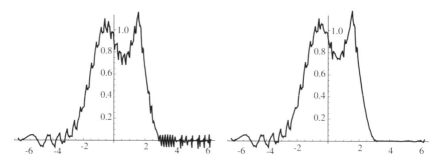

図 4.23 分離されたデータ（左：閾値が 0.1, 右：閾値が 0.15）

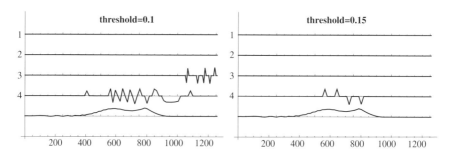

図 4.24 変換係数の表示（左：閾値が 0.1, 右：閾値が 0.15）

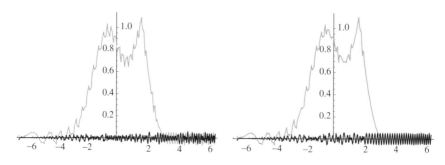

図 4.25 分離されたチャープ信号（左：閾値が 0.1, 右：閾値が 0.15）

最後に，図 4.23 の分離されたデータ（図 4.25 では灰色の実線）とサンプルデータ（図 4.20 左）からその分離されたデータを引いて得られるチャープ信号（図 4.25 では黒色の実線）を重ねて図示してみる．

```
xithr1 = Transpose[{x1, ithr1}];
xyithr1 = Transpose[{x1, y3 - ithr1}];
ListLinePlot[{xithr1, xyithr1}, PlotRange -> All]
xithr2 = Transpose[{x1, ithr2}];
xyithr2 = Transpose[{x1, y3 - ithr2}];
ListLinePlot[{xithr2, xyithr2}, PlotRange -> All]
```

を実行すると，図 4.25 が得られる．閾値が 0.1 の場合に比べて，閾値が 0.15 の場合のほうが，引いて得られるチャープ信号がより良く再現されている．

関連図書

　ウェーブレット関連の本は非常に多く特色もさまざまであり，それらを漏らさずに掲げることは筆者の能力を超える．ここでは，本書を書く場合に参考にしたものから，和書を中心に，筆者が普段よく参照しているものを挙げる．重要な文献で掲げていないものも数多いことをお断りしておく．

[1] 芦野隆一・山本鎭男 著,『ウェーブレット解析 ― 誕生・発展・応用』, 共立出版, 1997.
　　主として 1 変数のウェーブレット直交基底の基礎理論についてフーリエ解析を使って説明している．一般化されたシャノンのサンプリング定理からウェーブレット直交基底がどのようにして導けるかを述べ，多重解像度解析の理論を展開している．さらに，信号理論の必要な知識を準備し，いくつかのアルゴリズムや数値計算例を述べている．また，多くの例題を通じて短時間フーリエ解析とウェーブレット解析を比較検討し，両者の得失を明らかにしているので，どちらか一方が優れているということではなく，短時間フーリエ解析とウェーブレット解析が相補的な関係にあることが理解できる．

[2] G. G. ウォルター 著, 榊原進・萬代武史・芦野隆一 訳,『ウェーヴレットと直交関数系』, 東京電機大学出版局, 2001.
　　離散ウェーブレット変換の基礎となる正規直交ウェーブレットを直交関数系のニューフェイスととらえ，他の直交関数系の説明も含めて多角的に説明している．この視点自体，他のウェーブレットの本と比べてユ

ニークであるが，内容的にも，緩増加超関数の説明や，ウェーブレット展開の各点収束，特にギブズ現象などについてもきちんと述べられているのは，大きな特色と言える．

[3] 江沢洋 著，『フーリエ解析』，シリーズ物理数学 1，朝倉書店，2009．
物理学・工学のセンスで直観的な理解を重視して書かれたフーリエ解析の本である．そのため，図や例題が多く，具体的な物理や工学の問題を題材にしている．はじめは数学的厳密さを気にしないですむように配慮されてるので，読みやすい．また，フーリエ変換やラプラス変換の計算には，複素関数論の留数の方法が使われることも多いが，この本では，複素関数論を使わないですむように工夫されているため，大学初年級の学生でも読むことができる．豊富な章末問題とその詳しい解答が充実している．

[4] I. ドブシー 著，山田道夫・佐々木文夫 訳，『ウェーブレット１０講』，シュプリンガー・フェアラーク東京，2003．
ドブシーウェーブレットの創始者によるウェーブレット解析の古典的名著．数学的な厳密さと共にさまざまな応用的視点からの議論が行われており，広い視野からウェーブレット解析が論じられている．他の文献にはない多くのテーマについても詳細に論じられていて，専門家にとっても豊富な題材を含んでいる．比較的初期の本であるため現在の先端研究についての記述は乏しいが，ウェーブレット解析の基礎的文献であることに変わりはない．

[5] B. B. ハバード 著，山田道夫・西野操 訳，『ウェーブレット入門 — 数学的道具の物語 —』，朝倉書店，2003．
これは専門書ではなく一般向けのウェーブレット解析の紹介を意図した本である．しかし著者はウェーブレット解析の創造に携わった多くの研究者を訪ねインタビューした内容に基づいて，ある程度数学的内容にも踏み込んで，ウェーブレット解析の歴史的意義や数学的特徴までもいきいきと描いている．応用分野の必要性から生まれたアイデアが，

数学者・物理学者・工学者の協働作業によってウェーブレット解析という体系にまとまってゆくダイナミックな過程が描かれている.

[6] 船越満明 著,『キーポイント フーリエ解析』,理工系数学のキーポイント (9), 岩波書店, 1997.
応用分野の初学者に向けて書かれたフーリエ解析の教科書. 丁寧な記述によってフーリエ級数とフーリエ解析が解説されており, その性質や特徴について, 初学者には十分な内容が盛られている.

[7] E. ヘルナンデス - G. L. ワイス 著, 芦野隆一・萬代武史・浅川秀一 訳,『ウェーブレットの基礎』, 科学技術出版, 2000.
1次元の正規直交ウェーブレットについて, 数学的観点 (主に調和解析の観点) から詳しく述べられている. 正規直交ウェーブレットになるための必要十分条件やウェーブレットを使った種々の関数空間の特徴づけなど, 数学的に進んだ内容がきちんとした証明を伴って述べられている. 脚注や索引が詳しい.

[8] S. Mallat, *A Wavelet Tour of Signal Processing, Third Edition — The Sparse Way*, Academic Press, 2009.
§3.4 で述べた, スケーリング関数からウェーブレット関数を作る方法は, 一般に多重解像度解析の理論と言われているが, この理論の創始者の一人であるマラー (Stéphane Mallat) による 800 ページを超える応用数学の大著であり, 内容が豊富である. 工学の視点がいたるところにちりばめられている. (本書では多重解像度解析を前面に出すのをやめたが, $\{\phi_{j,k}\}_{k\in\mathbb{Z}}$ の 1 次結合で表される関数全体の集合を V_j とすると, $\{V_j\}_{j\in\mathbb{Z}}$ が多重解像度解析とよばれるものである.)

関数系 $\{e_j(x)\}_j$ を適切に構成して, 与えられた関数 $f(x)$ が $\{e_j(x)\}_j$ の少数の関数を使って, $f(x) = \sum_j c_j e_j(x)$ と (近似的に) 表せたならば, この表現は $f(x)$ の主要な成分をとりだしたことにもなるし, $f(x)$ を少数の $\{c_j\}_j$ で表したことにもなる. このように少数の基本的な関数の一次結合で (近似的に) 表す表現をスパース表現 (sparse representation)

とよぶ．この本はスパース表現の探求という視点で統一的に書かれている．数学的にもかなりきちんと書かれていて，題名はいささか誤解を生むかもしれない．Tour だとすればかなり「ハードな」Tour かもしれない．

索　引

■数字，欧字

$\mathbb{N}$, 6
$\mathbb{R}$, 2
$\mathbb{Z}$, 6
$A \setminus B$, 111
$L^2(\mathbb{R})$, 2
$\langle f, g \rangle$, 3
$\|f\|$, 3
$L^2([0,T])$, 24
$\langle f, g \rangle_T$, 24
$\|f\|_T$, 24
$\|\boldsymbol{x}\|$, 88
${}_N\phi$, 102
φ_{Ha}, 85
φ_{Me}, 97
φ_{Sh}, 70
${}_N\psi$, 102
ψ_{Ha}, 62
ψ_{Me}, 97
ψ_{Sh}, 77
$\psi^{(a,b)}(x)$, 36
$\psi_{j,k}$, 58
$\psi_a(x)$, 124
$\delta_{i,j}$, 6
$\delta(x)$, 7
$(\downarrow 2)$, 127
$(\uparrow 2)$, 128
$\operatorname{supp} f$, 17
$\operatorname{sign}(x)$, 149
$\operatorname{sinc}(x)$, 65, 68
$\chi_I(\omega)$, 65
$e^{i\omega x}$, 8
$\overline{f(x)}$, 3
$\lfloor x \rfloor$, 138
x_+, 149
$\hat{f}(\omega)$, 11
$W_\psi f(a,b)$, 38

C^∞ 級
　　class C^∞, 65

$L^2(\mathbb{R})$ の意味で収束
　　converge in $L^2(\mathbb{R})$, 66

■あ行

アップサンプリング
　　upsampling, 128
アナライジングウェーブレット
　　analyzing wavelet, 36, 43, 51, 52, 57, 111

閾値
　　threshold, 149
一次独立
　　linearly independent, 5

ウェーブレット
　　wavelet, 36, 61
　　　シャノン—, 80, 84, 95
　　　双直交—, 106
　　　直交—, 61
　　　ドブシィ—, 95, 102
　　　ハール—, 62, 85, 95

索　引

メイエ—, 95, 97
ウェーブレット関数
　　wavelet function, 61
ウェーブレット係数
　　wavelet coefficient, 59
ウェーブレット方程式
　　wavelet equation, 82, 88
エネルギー
　　energy, 2, 58, 88, 130, 141
エネルギースペクトル
　　energy spectrum, 15, 31, 61
エネルギー等式
　　energy equation, 46
応答関数
　　response function, 20

■か行
解析関数
　　analytic function, 65
外挿
　　extrapolation, 25
解像度
　　resolution, 129
解像度レベル
　　resolution level, 60, 129
可積分
　　integrable, 15, 83
ガボールウェーブレット
　　Gabor wavelet, 42, 112
ガボール関数
　　Gabor function, 42
完全な畳み込み
　　full convolution, 124, 136
木
　　tree, 130
基底
　　basis, 6
逆離散ウェーブレット変換
　　inverse discrete wavelet transform, 88, 128
急減少
　　rapidly decreasing, 95, 97, 99
許容条件
　　admissibility condition, 39, 43, 45, 51
近似
　　approximation, 59, 72, 87, 132
近似係数
　　approximation coefficient, 60, 72, 129
クロネッカーのデルタ
　　Kronecker delta, 6
高速ウェーブレット変換
　　fast wavelet transform, 126
高速フーリエ変換
　　fast Fourier transform, 29
交代和
　　alternative sum, 75

■さ行
再構成
　　reconstruction, 130
再構成アルゴリズム
　　reconstruction algorithm, 88, 128
雑音除去
　　denoising, 154
サポート
　　support, 17, 65
サンプリング周波数
　　sampling frequency, 65
サンプリング定理
　　sampling theorem, 64
時間不変
　　time invariant, 20
閾値
　　threshold, 149

時系列
    time series, 122
指数的に減少
    exponentially decreasing, 102
実解析的
    real analytic, 65, 95, 98, 101
シフト, 81, 83
    shift, 81
シャノン
    Shannon, 64
シャノンウェーブレット
    Shannon wavelet, 80, 84, 95
シャノンのウェーブレット関数
    Shannon wavelet function, 80
シャノンのスケーリング関数
    Shannon scaling function, 70
周期化
    periodization, 70
周期関数
    periodic function, 21, 23
周波数
    frequency, 12, 37, 47, 64, 141
シュワルツの不等式
    Schwarz inequality, 3
詳細
    detail, 59, 87, 132
        レベル L までの—, 132
詳細係数
    detail coefficient, 59, 129
消失モーメント
    vanishing moment, 54, 83, 95, 113, 115
信号分離
    signal separation, 154
振動数
    frequency, 12, 64

スケーリング関数
    scaling function, 69, 72
スケールレベル
    scale level, 60
スケーログラム
    scalogram, 52, 120
スパース表現
    sparse representation, 165

整関数
    entire function, 18
正規直交ウェーブレット
    orthonormal wavelet, 61
正規直交ウェーブレット関数
    orthonormal wavelet function, 61
正規直交基底
    orthonormal basis, 6, 58
正規直交系
    orthonormal system, 6
正規直交スケーリング関数
    orthonormal scaling function, 69
正射影
    orthogonal projection, 72
零埋め
    zero padding, 123
零拡張
    zero extension, 123

相似
    similar, 19, 32, 36
双直交ウェーブレット
    biorthogonal wavelet, 106
粗係数
    coarse coefficient, 60, 72
ソフト閾値法
    soft thresholding, 151

■た行
帯域制限
    band-limited, 64
ダウンサンプリング
    downsampling, 127
多重解像度解析

multiresolution approximation, multiresolution analysis, MRA, 81, 165

畳み込み
　　convolution, 19, 92, 123, 126
　　　　完全な——, 124, 136

短時間フーリエ変換
　　short-time Fourier transform, 33

置換規則
　　transformation rule, 144

チャープ信号
　　chirp signal, 141

超関数
　　distribution, 8, 164

直交
　　orthogonal, 3

直交ウェーブレット
　　orthogonal wavelet, 61

直交展開
　　orthogonal expansion, 58

2スケール係数
　　two-scale coefficient, 69

2スケール方程式
　　two-scale equation, 69, 88

ディジタルフィルタ
　　digital filter, 92

デュアル
　　dual, 106

デルタ
　　delta
　　　　クロネッカーの——, 6

デルタ関数
　　delta function, 7

特異点
　　singularity, 26, 50, 51

特性関数
　　characteristic function, 65

ドブシー
　　Daubechies, 164

ドブシィウェーブレット
　　Daubechies wavelet, 95, 102

■な行

内積
　　inner product, 3, 24

なめらか
　　smooth, 10, 26, 51, 94, 95

二乗可積分
　　square integrable, 2

ノード
　　node, 130

ノルム
　　norm, 3, 24

■は行

パーセヴァルの等式
　　Parseval identity, 6, 14

ハード閾値法
　　hard thresholding, 150

ハールウェーブレット
　　Haar wavelet, 62, 85, 95

ハイパスフィルタ
　　high-pass filter, 82, 93

ハイパスフィルタ係数
　　high-pass filter coefficient, 82

フィルタ
　　filter, 92, 93, 124

フーリエ変換
　　Fourier transform, 11
　　　　数列の——, 92

不確定性関係
　　uncertainty relation, 15

複素共役
　　complex conjugate, 3

プライマル

primal, 106
フレンチハット
    French hat, 41
分解
    decomposition, 129, 130
分解アルゴリズム
    decomposition algorithm, 88, 127
分解レベル
    decomposition level, 60, 129
平行移動不変
    translation invariant, 20
ポアソンの和公式
    Poisson summation formula, 22, 74
補間
    interpolation, 91

■ま行
窓関数
    window function, 33
窓付きフーリエ変換
    windowed Fourier transform, 33
窓フーリエ変換
    windowed Fourier transform, 33
マラー
    Mallat, 165
メイエウェーブレット
    Meyer wavelet, 95, 97
メキシカンハット
    Mexican hat, 41, 112
モーメント
    moment, 54, 63, 84, 95, 114
モルレウェーブレット
    Morlet wavelet, 42, 112

■や行
有限フーリエ変換
    finite Fourier transform, 28, 126
床関数
    floor function, 138

■ら行
リーマン-ルベーグの定理
    Riemann-Lebesgue theorem, 15
離散ウェーブレット変換
    discrete wavelet transform, 88, 126
離散畳み込み
    discrete convolution, 92
離散フーリエ変換
    discrete Fourier transform, 28, 126
零埋め
    zero padding, 123
零拡張
    zero extension, 123
レベル
    level, 59, 60, 71, 72, 88, 129
        解像度—, 60
        スケール—, 60
        分解—, 60
連続ウェーブレット変換
    continuous wavelet transform, 38, 111
ローパスフィルタ
    low-pass filter, 69, 93
ローパスフィルタ係数
    low-pass filter coefficient, 69, 141

■コマンド
→, 144
/., 144
;, 117
&, 148
ContinuousWaveletTransform, 120
DaubechiesWavelet, 105, 140

Dimensions, 119
DiscreteConvolve, 126
DiscreteWaveletData, 138
DiscreteWaveletTransform, 138
Downsample, 134
Fourier, 126
FourierParameters, 126
GaborWavelet, 112
InverseFourier, 126
InverseWaveletTransform, 145, 147, 149
Length, 135, 158
ListConvolve, 126
ListDensityPlot, 120
ListPlot, 116
ListPlot3D, 119

MexicanHatWavelet, 112
MorletWavelet, 112
N, 114
Norm, 141, 146
PlotMarkers, 158
Simplify, 145
UnitStep, 116
Upsample, 134
WaveletFilterCoefficients, 105, 141
WaveletListPlot, 157
WaveletMapIndexed, 148
WaveletPsi, 112
WaveletScalogram, 121
WaveletThreshold, 153, 156

【著者紹介】

山田道夫（やまだ みちお）
1983 年，京都大学大学院理学研究科博士課程修了
現在，京都大学数理解析研究所教授，理学博士
専門は応用数学，流体力学
著書として『パターン形成』（共著，朝倉書店，1991）他

萬代武史（まんだい たけし）
1985 年，京都大学大学院理学研究科博士後期課程指導認定退学
現在，大阪電気通信大学工学部基礎理工学科教授，理学博士
専門は解析学
著書として『新基礎コース 微分積分』（共著，学術図書出版社，2014）他

芦野隆一（あしの りゅういち）
1989 年，大阪市立大学大学院理学研究科博士後期課程単位取得退学
現在，大阪教育大学教育学部教養学科教授，理学博士
専門は応用数学
著書として『はやわかり MATLAB』（共著，共立出版，1997）他

シリーズ応用数理　第5巻	監　修	日本応用数理学会
Industrial and Applied Mathematics Series Vol.5	著　者	山田道夫
応用のためのウェーブレット		萬代武史　©2016
Wavelets for Applications		芦野隆一
2016年1月25日　初版1刷発行	発行者	南條光章
	発行所	共立出版株式会社
		東京都文京区小日向4丁目6番19号
		電話 (03) 3947-2511（代表）
		郵便番号 112-0006
		振替口座 00110-2-57035番
		URL http://www.kyoritsu-pub.co.jp/
	印　刷	加藤文明社
	製　本	ブロケード

検印廃止
NDC 413.54, 501.1
ISBN 978-4-320-01954-6

一般社団法人
自然科学書協会
会員

Printed in Japan

JCOPY <出版者著作権管理機構委託出版物>
本書の無断複製は著作権法上での例外を除き禁じられています．複製される場合は，そのつど事前に，出版者著作権管理機構（TEL：03-3513-6969，FAX：03-3513-6979，e-mail：info@jcopy.or.jp）の許諾を得てください．